内蒙古农业大学玉米中心作物科学研究进展

(1988—2018)

高聚林　主编

中国农业出版社
北　京

图书在版编目（CIP）数据

内蒙古农业大学玉米中心作物科学研究进展：1988—2018/高聚林主编．—北京：中国农业出版社，2020.12

ISBN 978-7-109-25912-6

Ⅰ．①内…　Ⅱ．①高…　Ⅲ．①玉米—高产栽培—栽培技术—文集　Ⅳ．①S513-53

中国版本图书馆 CIP 数据核字（2019）第 203593 号

中国农业出版社出版
地址：北京市朝阳区麦子店街 18 号楼
邮编：100125
责任编辑：廖　宁
版式设计：王　晨　　责任校对：刘丽香
印刷：北京中兴印刷有限公司
版次：2020 年 12 月第 1 版
印次：2020 年 12 月北京第 1 次印刷
发行：新华书店北京发行所
开本：787mm×1092mm　1/16
印张：10.75
字数：280 千字
定价：58.00 元

主　编：高聚林

副主编：于晓芳　王志刚　孙继颖　胡树平

编　者（按姓氏笔画排序）：

于晓芳　王　振　王志刚　王富贵

包海柱　刘克礼　孙继颖　苏治军

张宝林　青格尔　闹干朝鲁　屈佳伟

胡树平　高聚林　崔文芳　韩升才

谢　岷

前 言

内蒙古农业大学玉米中心（以下简称“中心”）于1988年9月招收第一位硕士研究生，截至2018年7月，中心共培养硕士研究生82位，其中76位获得硕士学位，6位直接攻读博士学位。1998年，中心与山东农业大学刘克礼教授合作培养了第一位博士研究生。2003年，内蒙古农业大学作物栽培学与耕作学学科获批博士学位授权点后，中心从2004年9月开始培养博士研究生，截至2018年7月，共有27位研究生获得农学博士学位。

“七五”期间（1986—1990）和“八五”期间（1991—1995），中心系统开展了春玉米生长发育、物质积累、光合性能、营养特性、源库关系等生理基础研究，建立了春玉米综合农艺栽培措施与产量关系模型，形成了平原灌区玉米亩*产750千克以上、旱作丘陵区玉米亩产400千克（其中地膜覆盖玉米亩产600千克）以上栽培理论与技术模式，结合内蒙古地区玉米栽培专家经验和知识，开发研制了春玉米优化栽培管理咨询系统（MOCMCS）。

“九五”期间（1996—2000），中心进一步完善玉米优化栽培模型，建立了玉米优化栽培管理决策支持系统（MOCMDSS），形成了玉米大面积亩产700～800千克栽培理论与技术模式。同时，中心系统开展了小麦、大豆、马铃薯生长发育、物质积累、光合性能、营养特性、源库关系等生理基础研究，建立了其综合农艺栽培措施与产量关系模型，开发研制了小麦、大豆、马铃薯优化栽培管理决策支持系统（WOCMDSS、SOCMDSS、POCMDSS）。国内同行专家总的评价是：“与同类研究比较，该项研究成果居国内领先水平，其实用性和易用性达到了国际先进水平。”系统可针对自治区不同土壤、气候条件和作物品种及市场信息，智能化地筛选出可实际应用的作物优化栽培方案。生产实践证明，玉米、小麦、大豆、马铃薯优化栽培管理决策支持系统所提供的应变性方案，与传统的模式化栽培田相比，每亩纯增收入可分别达到50元、40元、50元、90元以上。

“十五”期间（2001—2005），中心通过大面积示范推广玉米、小麦、大

* 亩为非法定计量单位，1亩≈667平方米。

豆、马铃薯优化栽培管理决策支持系统，研发了基于网络的作物优化栽培管理决策支持系统（COCMDSS），创建了“内蒙古农业科技信息平台（http：//nmgny. imau. edu. cn）”。但由于我国农业生产条件和农业信息化进程滞后于以 GIS、RS、GPS 等技术为核心的现代信息技术，此项研究暂时中止。同期，玉米亩产吨粮（含水率 14.0%）的高产攻关探索研究步履艰难但持之以恒，形成了玉米亩产 800～1 000 千克（即亩产吨粮田建设）栽培理论与技术模式。

“十一五”期间（2006—2010），通过不断的产量挖潜，2006 年，内蒙古首次突破了春玉米亩产吨粮（含水率 14.0%），创造了 1 158.9 千克/亩（含水率 14.0%）的历史高产纪录。2009 年，玉米最高实测亩产达到了 1 342.8 千克（含水率 14.0%），万亩连片平均产量达到了 1 002.1 千克/亩。形成了玉米亩产 1 000 千克以上超高产栽培理论与技术模式。

“十二五”期间（2011—2015），内蒙古正式列入“国家粮食丰产科技工程”（科技支撑计划粮丰一期、二期、三期项目）省份，通过“一田三区”建设，集成了玉米“两改一增二保”（即改土、改品种、再增密、绿色植保、机械化保障）高产高效栽培技术体系，不断提高玉米单产，增加总产，实现了玉米大面积高产高效生产，实现了新增经济效益 55.375 8 亿元，且水、肥利用效率分别提高了 5%～10%和 10%～15%。

“十三五”期间（2016—2020），中心继续实施“国家粮食丰产增效科技创新”（国家重点研发计划一期、二期、三期项目），围绕国家“藏粮于地，藏粮于技”战略，在玉米“两改一增二保”技术的基础上，应用“三节双降”（即节水、节肥、节药、降解膜、降解菌）技术，继续开展深耕改土、秸秆还田、抗寒耐旱、全程机械化等理论及技术研究，集成规模高效全程机械化技术模式，不断提高玉米生产效率，增加效益，实现节本丰产增效。并为“十四五”绿色、优质、循环、可持续发展奠定基础。

在中心成立 30 周年之际，为了纪念奠基人刘克礼先生，我们系统地收集和整理了参与中心科学研究的硕士、博士研究生学位论文，将其摘要部分编辑成册。其中，上篇为硕士研究生学位论文，下篇为博士研究生学位论文。可以看出，中心的研究工作始终围绕国家及内蒙古自治区科技需求并紧密结合农业生产实际，既开展玉米方面的研究与示范推广工作，又进行了小麦、大豆、马铃薯等作物的研究与示范推广工作。作为玉米科技创新团队，中心始终坚持解决玉米生产发展不同历史阶段的实际问题，把握玉米科学研究前沿，既重视理论与技术创新，又注重创造生产实效；不断总结经验，凝练成果，进一步提高科技创新和科技服务能力，促进内蒙古自治区玉米科研和生产发展。

中心各项事业的发展得到了科技部、农业农村部、财政部、国家自然科学基金委以及内蒙古自治区科技厅、农牧业厅、教育厅、财政厅、内蒙古农业大学等部门和各界同行的关心及大力支持和帮助，中心全体老师及历届本科生、硕士生、博士生都付出了辛勤的工作，在此深表谢意！

因时间仓促，书中不妥之处在所难免，请广大读者批评指正。

编　者

2019年12月

目　录

上篇　硕士研究生学位论文

下篇　博士研究生学位论文

上篇　硕士研究生学位论文

春玉米干物质积累及碳氮代谢规律的研究

高聚林[①]（1988—1991）

本试验对春玉米的叶片、叶鞘、茎秆和雌雄穗等各器官的干物质积累及碳、氮代谢规律进行了分层次的系统研究，结果表明：各器官干物质积累随着施氮量的增加而增加；增加氮肥使各器官含氮量增加，叶片硝酸还原酶活性提高，氮代谢旺盛，从而加剧了碳水化合物的消耗，使叶鞘、茎秆 C/N 降低；随着春玉米生长发育进程，各器官碳水化合物含量呈大幅度升降变化，氮素含量变化呈下降趋势，C/N 变化则依据器官而不同；各生育时期 C/N 均以叶片＜雌穗＜叶鞘＜茎。拔节期和大喇叭口期叶片还原糖含量出现的两个峰值及硝酸还原酶活性的两次急速升高，揭示了春玉米生长发育过程中同化利用氮素的高峰期。生长中心器官的还原糖含量高，非蛋白氮供应充足，则蛋白质合成代谢旺盛，是器官迅速建成的内在原因。总糖含量的变化反映有机营养储藏中心的转移，即储藏中心的总糖含量高，小喇叭口期之前为叶鞘，小喇叭口期至散粉期为茎，之后为籽粒。果穗中积累的碳水化合物绝大部分是果穗形成期中、上位叶片的光合产物，少部分为果穗形成期以前储存于叶鞘、茎中的碳水化合物。

① 导师：刘克礼副教授、徐修容副教授。

论文提交日期：1991 年 5 月。

春玉米需肥规律的研究

刘景辉[①]（1989—1992）

本试验以掖单 4 号春玉米为试验材料，通过不同施肥处理，在 1990—1991 年，系统地研究了春玉米干物质积累及氮、磷、钾营养的吸收、积累、分配和转移规律。结果表明：春玉米干物质积累与生育进程间的关系表现为 S 形曲线变化，根据干物质量的增长曲线，可将春玉米植株生长过程划分为指数增长期、直线增长期和缓慢增长期。干物质积累速度表现为单峰曲线，其峰值在出苗后 80 天左右，时值散粉期。氮、磷的吸收与生育进程间呈二次曲线变化；氮、磷、钾的吸收速度在生育期间呈单峰曲线变化，其峰值分别在出苗后 67 天、78 天、50 天左右。植株干物质积累，氮、磷的吸收呈极显著直线相关，上述三者与钾的吸收呈极显著的二次回归相关。表现出春玉米干物质积累与氮、磷、钾的吸收具有极密切的协调性。这种依存关系表现在春玉米不同生育时期吸收氮、磷、钾的比例亦不相同，即随着生育进程的推进，氮与磷、钾与磷之比值渐小。不合理的施肥造成土壤营养比例失调，破坏了营养平衡，影响经济产量的提高。试验结果表明，春玉米适宜的氮、磷、钾吸收比例为 $N:P_2O_5:K_2O=2.09:1:2.14$。每生产百千克籽粒需吸收 N 2.19 千克、$P_2O_5$ 1.05 千克、K_2O 2.24 千克，上述对氮、磷、钾的吸收量可作为确定春玉米施肥的参考。拔节期与大喇叭口期叶片中硝酸还原酶活性的两次急剧升高，显示了春玉米生长发育过程中同化与利用氮素的高峰期。

① 导师：刘克礼副教授。

论文提交日期：1992 年 5 月。

春玉米籽粒建成规律的研究

张美莉[①]（1990—1993）

试验采用三因素二次饱和D-最优设计方法，研究了春玉米籽粒建成规律及播期、密度、施氮量对籽粒建成期间的鲜重、干重、体积及碳氮代谢等内在生理生化变化的影响。结果表明：春玉米籽粒建成期间，籽粒鲜重、干重、体积的增长均呈S形曲线变化。籽粒干物质积累的S形曲线可分为指数增长期（授粉后19天内），直线增长期（授粉后20～43天），缓慢增长期（授粉44天至成熟）。籽粒干物质增长速度为单峰曲线，但播期晚、高密度、高施氮量处理下峰值较小，峰值之后干物质积累速度下降快。晚播处理下籽粒干物质积累的指数增长期延长，直线增长期缩短，产量下降。胚在建成过程中，其鲜重、干重、体积均呈直线增长，而含水率则呈线性下降。随着籽粒灌浆进程，其碳氮代谢变化是：可溶糖、非蛋白氮含量呈单峰曲线变化，峰值均出现在授粉后11天；全氮、蛋白质等在授粉初期含量较高，之后下降；氨基酸总量及各种氨基酸含量在授粉初期最高，之后下降，授粉31天后又略有回升；淀粉含量变化则与干物质积累规律相似。胚中脂肪含量变化趋势呈单峰曲线，峰值出现在授粉后35天。春玉米籽粒建成过程中这种碳氮代谢的生理生化变化是由其遗传特性所决定，而环境因素只影响其代谢强度高低。密度、施氮量与产量呈二次曲线关系，而播期与产量则呈极显著线性负相关。单一栽培技术措施下产量提高幅度较小，只有各项栽培技术措施的合理配置，方可获得较高的经济产量。试验表明，在当地条件下，掖单4号品种亩产如达700千克以上时，播种期应为4月25～27日，密度为5 412～6 158株/亩，亩施纯氮14.8～19.7千克。

① 导师：刘克礼教授。

论文提交日期：1993年5月。

不同营养条件下春玉米光合性能的研究

盛晋华① （1991—1994）

本试验研究了不同营养条件下，春玉米掖单4号单叶片一生光合速率的动态变化、植株不同叶位叶片的光合速率和不同生育时期叶片平均光合速率的变化以及叶片营养状况对其影响。结果表明：施氮可明显提高叶片光合速率，特别是对老龄叶片、植株的中下位叶片及植株生育后期叶片的光合速率影响更甚；氮、磷肥配施可进一步提高叶片光合速率，尤其是对叶片展开1周左右、植株的中位叶片及大喇叭口期至灌浆期的植株叶片的光合速率的影响更为明显；在施氮、磷肥基础上增施钾肥，对叶片光合速率影响不明显，但在散粉期前后的高温低湿条件下，对中上位叶片光合速率有一定提高；叶片光合速率与叶片氮、磷含量呈显著正相关。施氮明显提高叶片叶绿素含量，叶绿素含量与叶片光合速率呈正相关；随着营养水平的提高，叶片光合速率提高、叶面积扩大、叶片功能期延长。

关键词：春玉米；光合速率；营养条件；光合性能

① 导师：刘克礼教授。

论文提交日期：1994年6月。

春玉米光合速率变化的研究

张永平[①]（1992—1995）

本文对春玉米两种株型品种在不同密度处理下的群体光合速率，群体内单叶光合速率及其与主要光合作用系统参数和产量的相互关系，进行了系统研究。结果表明：春玉米群体光合速率在整个生育期间呈单峰曲线变化，散粉期达最大值。合理叶面积指数动态变化符合一元二次回归方程。群体光合速率和单叶光合速率受品种、密度（消光系数）制约，群体光合速率、单叶光合速率日变化均呈单峰曲线，并与光强变化一致。春玉米群体自然状态下，不同生育时期单株叶片光合速率呈高—低—高—低节奏性变化。单叶光合速率冠层分布以上位叶＞中位叶＞下位叶，中、上位叶对籽粒干物质积累贡献最大。合理群体在散粉期前后干物质积累分配比例应为58∶42。花粒期群体光合速率与产量呈显著正相关，单叶光合速率与单株生产力呈显著正相关，协调单株生产力与群体数量发展，在保证适宜群体数量的前提下，通过降低冠层消光系数，最大限度地提高单叶光合速率，进而提高全生育期群体光合速率。减缓花粒期群体光合速率的衰减，是获得春玉米高产的关键。

关键词： 春玉米；群体光合速率；叶光合速率

---

① 导师：刘克礼教授。

论文提交日期：1995年6月。

春玉米雌穗花、粒败育的研究

马智宏[①]（1993—1996）

本试验采用三因素二次饱和D-最优设计，研究了不同密度、施氮量、施磷量下核酸、蛋白质、淀粉磷酸化酶、棒三叶光合速率的变化对春玉米籽粒建成过程中花、粒败育的影响以及雌穗分化进程与淀粉消长动态的关系。结果表明：春玉米花、粒败育是多因素综合作用的结果，其本身固有的遗传、生理特性是花、粒败育的内因，环境因子的综合作用是花、粒败育的外因。春玉米雌穗总花数及粒位间差异，是其遗传特性；雌穗上部小花分化晚于中下部小花，对营养竞争能力弱于中下部小花，在组织结构上，穗轴上部维管束横截面积和数量小于中下部穗轴维管束横截面积与数量，直接影响上部小花的水分和养分的供应，进而影响了小花的发育。授粉后上部籽粒中核酸、蛋白质、淀粉磷酸化酶活性均低于中下部籽粒，造成上部籽粒相继发生败育。环境条件的变化对籽粒发育中核酸、蛋白质、淀粉磷酸化酶活性、棒三叶光合速率变化的影响，与籽粒败育率密切相关；密度越大，施氮量、施磷量过少或过多均会引起籽粒中核酸、蛋白质含量的异常变化，降低淀粉磷酸化酶活性及灌浆中后期棒三叶的光合速率，使雌穗上部籽粒败育率增加。各处理在授粉后18～24天是籽粒败育高峰期，此时核酸、蛋白质含量迅速下降、淀粉磷酸化酶活性增加缓慢。籽粒连续不断的败育使雌穗上部籽粒鲜重、体积呈现时高时低的不规则变化。雌穗分化期间，幼穗中淀粉粒积累动态的变化表明：初期淀粉粒是雌穗分化的主要营养供体，积累淀粉粒集中的细胞总是紧随即将分化的组织之后。雌穗上部淀粉粒积累量落后于中下部，因而造成上部小花发育晚、生活力弱，易形成无效花或败育粒。

关键词：春玉米；花败育；籽粒败育；败育率

① 导师：刘克礼教授。

论文提交日期：1996年6月。

春玉米群体源库特性的研究

郭新宇[①]（1994—1997）

本文对春玉米两种株型品种在不同密度、施氮量处理下群体源、库特性及其在产量形成中的作用进行系统研究，结果表明：采取合理的栽培技术措施，实现群体叶面积的“前快、中稳、后衰慢”动态变化，利于截获光能，提高光能利用率，是提高群体干物质生产的前提；在扩展叶面积稳定期、延缓叶片衰亡，增大光合势的同时提高单株叶片光合速率是提高花粒期干物质生产的主要途径，这也是提高经济系数和产量的关键。通径分析表明：群体总粒数是决定产量的主要因素，且群体总粒数与花粒期群体干物质积累量呈极显著正相关；春玉米籽粒发育特征参数与叶片光合性状相关分析表明：源的光合性状——吐丝期叶面积、叶面积稳定期、灌浆期单株叶片光合速率和完熟期叶面积对库的充实及其潜力的实现具有决定性作用；玉米茎基部第二节、果穗节、果穗柄维管束数目和面积与叶片光合性状、籽粒灌浆特性之间呈显著正相关。实现群体源、库、流的协调性是高产的生理基础，通过合理的栽培技术措施维持适宜的群体库源比值是实现高产的必要条件。

关键词： 春玉米；群体；源；库

---

① 导师：刘克礼教授、吕凤山副教授。

论文提交日期：1997 年 6 月。

马铃薯高产优化栽培生理基础的研究

张宝林[①]（1995—1998）

试验通过五因素二次通用回归旋转组合设计1/2实施方案，研究了马铃薯在不同密度和施肥量处理下的光合性能，氮、磷、钾营养及产量形成规律。结果表明：如获得马铃薯亩产量3 000千克以上，其主要栽培生理指标及其主要栽培技术是：LAI前期发展较快，最大LAI应达5.95，持续期约20天，而且后期衰退缓慢，成熟期仍保持在2.0左右；叶片叶绿素含量呈双峰曲线变化，峰值出现在块茎形成期和淀粉积累期，且前高后低，叶绿素含量与叶片含氮量呈极显著正相关，叶绿素含量可作为光合速率高低和氮素丰缺的指标；全生育期光合势应达到21万（平方米·天）/亩以上；在生育期间，叶片中N素浓度最高，茎中K素浓度始终最高，而块茎形成后，其中的P素浓度一直最高。三要素在植株体内的积累总量表现为$N>K_2O>P_2O_5$，分别达4.224克/株、1.859克/株、1.535克/株；马铃薯对N、P_2O_5、K_2O的吸收比例是2.8∶1∶1.2，每生产500千克块茎需要纯N 2.65千克、P_2O_5 0.96千克、K_2O 1.17千克；马铃薯对N、P_2O_5、K_2O的最大吸收速率分别为85.90毫克/（株·天）、22.33毫克/（株·天）、42.78毫克/（株·天）。马铃薯对N、K_2O吸收的停止期分别是出苗后90天和100天左右，对P_2O_5的吸收一直持续到成熟期。单株块茎体积的增长呈S形曲线变化；其膨大速率呈单峰曲线变化，最大膨大速率可达26.8毫升/（株·天）。试验表明，在本试验条件下，实现每亩3 000千克以上鲜薯产量的优化农艺栽培措施是：密度为4 456～4 556株/亩；种肥P_2O_5量为9.81～10.31千克/亩；种肥K_2O量为7.84～8.24千克/亩；种肥N量为3.89～4.08千克/亩，追氮肥量为1.94～2.04千克/亩。

关键词： 马铃薯；生理基础；优化栽培

---

① 导师：刘克礼教授、吕凤山副教授。

论文提交日期：1998年6月。

春小麦高产优化栽培生理基础的研究

刘瑞香[①]（1995—1998）

本试验以蒙麦 28 号为供试品种，采用五因素二次通用回归旋转组合设计方法，系统地研究了春小麦在不同密度、施肥量下光合性能，干物质积累，氮、磷、钾素吸收积累及产量形成规律。结果表明：春小麦实现亩产 400 千克以上适宜叶面积指数为分蘖末期 1.2、拔节盛期 5.49、孕穗期 6.66、乳熟期 3.80；全生育期总光合势为 21.69 万（平方米·天）/亩。合理的群体干物质积累量最大。春小麦植株体内氮、磷、钾素含量随生育进程的变幅分别为 3.10%～0.95%、1.00%～0.30%、3.00%～0.70%。春小麦对氮、磷的吸收高峰在拔节盛期至孕穗期，峰值高达 0.44 千克/（亩·天）和 0.174 千克/(亩·天)，吸收百分率分别为 32.88%、39.65%；对钾的吸收高峰在分蘖末期至拔节盛期高达 0.341 千克/（亩·天），吸收百分率为 51.69%。适宜密度下，氮磷钾肥适量配施，各生育阶段适宜的氮磷钾吸收比例分别为：分蘖末期 2.88∶1∶2.68，拔节盛期 3.11∶1∶3.82，孕穗期 2.82∶1∶2.80，开花期 3.11∶1∶2.74，乳熟期 2.91∶1∶2.11，完熟期 3.07∶1∶2.19。每生产百千克籽粒需吸收 N 3.06 千克，P_2O_5 1.06 千克，K_2O 2.31 千克。春小麦亩产 400 千克以上五项农艺措施优化组合方案为：每亩基本苗 37 万～40 万株，种肥磷量 5.0～5.4 千克、种肥钾量 4.6～4.9 千克、种肥氮量 2.4～2.7 千克、追氮肥量9.4～11.2 千克；此优化方案下亩穗数为 37 万～38 万穗，穗粒数为 34～35 粒/穗，千粒重为 39～40 克。

关键词：春小麦；优化栽培；生理基础

① 导师：刘克礼教授、吕凤山副教授。

论文提交日期：1998 年 6 月。

大豆高产优化栽培生理基础的研究

王立刚[①]（1996—1999）

本实验以北丰-14 为供试品种，采用五因素二次通用回归旋转组合设计 1/2 实施方案，系统研究了大豆在不同密度、施肥量处理下，光合性能、干物质积累、氮磷钾吸收积累转移及产量形成规律。结果表明：大豆亩产 200 千克以上，其主要栽培生理指标为 LAI 苗期增长缓慢，分枝期后发展较快，最大 LAI 应达 3.83 以上，持续期应为 20 天左右，而且后期衰减缓慢，全生育期总光合势应达 11 万（平方米·天）/亩以上；大豆生育后期群体光合速率以结荚期为最高，达 3.879 3 克 CO_2/（平方米·时）。此期光合速率的大小与产量高低呈正相关；成熟期植株氮磷含量以籽粒为最高，钾素以荚皮中含量为最高；三要素在植株体内的积累量表现为 $N>K_2O>P_2O_5$。不同生育时期对三要素的吸收速率以鼓粒期为最大；大豆对 N、P_2O_5、K_2O 的吸收比例为 3.78∶1∶1.46，每生产百千克籽粒需吸收 N 8.32 千克、P_2O_5 2.20 千克、K_2O 3.21 千克；大豆籽粒的鲜重、体积的增长呈二次曲线变化，干重增长呈 S 形曲线变化。实现大豆亩产 200 千克以上产量的优化农艺栽培措施是：亩株数 2.53 万～2.75 万株；种肥磷量（P_2O_5）4.56～5.44 千克/亩；种肥钾量（K_2O）5.77～6.74 千克/亩；种肥氮量 2.73～3.18 千克/亩；追肥氮量 2.49～2.91 千克/亩。

关键词： 大豆；高产优化栽培；生理基础

① 导师：刘克礼教授、吕凤山副教授。

论文提交日期：1999 年 6 月。

春小麦源库特性及其关系的研究

翟利剑①（1997—2000）

本文对春小麦两个品种在不同密度、施肥量处理下群体源、库的形成与特性以及群体源、库在产量形成中的作用和相互关系进行了系统的研究，结果表明：在合理的栽培技术措施下，实现源、库的协调是小麦获得高产的生理基础。采取适宜的密度与合理的配方施肥技术，建立合理的群体叶面积，将最大叶面积指数控制在适宜的范围内，尽可能长时间地保持绿叶面积，增强叶片光合能力，提高群体生长率，是扩大干物质（源）生产的主要途径。孕穗至乳熟期上部3片叶是主要的光合器官，保持开花后较大绿叶面积持续期和生育后期叶片生理活性，提高孕穗期、开花期、籽粒灌浆期的干物质（源）积累量，可有效地改善结实小穗的质量和小穗进一步发育的营养条件，扩大库容量，培育出具有较高的粒/平方厘米值的叶群体，争取形成较多的结实粒数（库容），并提高粒重（库的充实度），这是实现高产的有效途径。

关键词： 春小麦；群体；源；库

① 导师：刘克礼教授、吕凤山教授。

论文提交日期：2000年6月。

马铃薯群体源库特性的研究

孙会忠[①]（1997—2000）

1998—1999 年，在内蒙古农业大学教学农场，采用不同密度和施肥处理培植源库大小不同的马铃薯群体，并对这些群体的源、库形成特性及其相互关系进行系统研究。结果表明：在优化栽培技术措施的调控下，群体叶面积有较合理的消长变化，生育前期发展较快，最大 LAI 可达到 6 以上并维持 20 天左右的稳定期，然后缓慢下降，收获时 LAI 仍保持在 2 以上；在此基础上，使群体总光合势达到 25 万（平方米・天）/亩左右，并维持较高的净同化率，增加群体干物质积累量（源），是库扩大（薯体积）和充实（薯重）的物质基础；在适度规模源的前提下，促进光合产物源的分配中心适期转移，可增加总薯数，并使块茎的膨大和增重速率保持较高的水平；马铃薯生育期间源库系统相互制约、相互促进，实现源库比例和结构协调发展。使库源比值达到 0.4 以上是实现高产的基本条件。

关键词： 马铃薯；源库特性；源库关系

① 导师：刘克礼教授。

论文提交日期：2000 年 6 月。

温度、光照对玉米截形叶螨试验种群的影响

孟瑞霞[①]（1997—2000）

本实验通过温度、光照对截形叶螨试验种群生长发育、繁殖、滞育等影响的研究，得出如下结果：

在 15～35℃条件下，玉米截形叶螨的发育历期与温度呈负相关；雌、雄螨一代发育起点温度分别为 12.60℃和 12.65℃，有效积温各为 137.78 日度和 121.52 日度；25～35℃时卵孵化率和幼若螨存活率都较高，并且发育速率较快。该范围是截形叶螨生长发育的最适温度。

不同温度对子代雌雄性比的影响差异不一致。截形叶螨寿命、产卵期随着温度的升高而缩短，25℃是该螨产卵繁殖的最适温度，30～35℃是种群增长的适宜温度。各生命参数与温度间的数量统计关系可分为 4 种类型：①发育历期、平均世代时间与温度呈指数函数关系。②50%死亡时间、产卵期、产卵率、内禀增长率和周限增长率均与温度呈直线关系。③总产卵量、净增值率与温度呈抛物线关系。④种群加倍需要日数与温度呈双曲线关系。

长短光照对截形叶螨的影响有着显著差异。在 30℃时短光照明显延缓该螨的发育，内禀增长率相应降低，并且存活率和产雌卵率曲线均滞后于长光照处理。

截形叶螨滞育诱导反应曲线属于长日照型，短日照是诱发滞育的决定因子，高温对滞育率有降低的效应；前若螨期是滞育诱导的决定虫态（光感虫态）；低温处理的时间与滞育雌螨在适宜条件下复苏所需时间呈负相关，与滞育历期呈正相关；截形叶螨在呼和浩特地区的临界光周期为 10.2 小时。

关键词：温度；光照；截形叶螨；试验种群

① 导师：刘克礼教授。

论文提交日期：2000 年 6 月。

春小麦高产超高产栽培生理基础的研究

何文清[①]（1998—2001）

本试验以永良 4 号、蒙麦 28 为供试品种，对春小麦高产超高产栽培光合性能，干物质积累，分蘖和幼穗分化动态，氮、磷、钾三要素吸收累积过程以及籽粒灌浆和产量形成规律进行了系统的研究。结果表明：春小麦实现超高产（>500 千克），孕穗期 LAI 应在 6 以上，且后期衰减缓慢，乳熟期仍维持在 3 左右，全生育期总光合势 15 万～16 万（平方米·天）/亩，开花期群体光合速率达 18～22 微摩尔 CO_2/（平方米·秒）。在氮肥运筹上以等量氮肥在分蘖期和孕穗期两次施用即氮肥适当后移，可提高小穗、小花结实率，增加穗粒数。与高产栽培相比，春小麦超高产栽培氮磷钾吸收累积量明显增加，增加幅度以钾最多，氮次之，磷最少。永良 4 号超高产栽培氮磷钾吸收比例为 2.61∶1∶3.11，百千克籽粒需肥量为 N3.58 千克、P_2O_5 2.34 千克、K_2O 4.01 千克；蒙麦 28 超高产栽培氮、磷、钾吸收比例为 2.46∶1∶3.11，百千克籽粒需肥量为 N 3.68 千克、P_2O_5 2.38 千克、K_2O 4.01 千克。在超高产栽培下，春小麦籽粒增重过程可分“慢—快—慢”三个阶段，对籽粒增重最快为第二阶段。在群体建构上，以主茎成穗为主（基本苗 45 万/亩）或以主茎成穗为主，分蘖成穗为辅（基本苗 35 万/亩）两种途径，在本试验条件下皆实现了超高产。

关键词： 春小麦；超高产；生理基础

① 导师：刘克礼教授、吕凤山教授。

论文提交日期：2001 年 5 月。

大豆源库关系的研究

卢艳丽[①]（1999—2002）

本试验在大豆高产优化栽培生理研究的基础上，以吉育47、吉育45为材料，进一步研究了大豆在不同密度、施肥处理下，大豆群体源、库的形成与特性及其相互制约的关系，并对氮、磷、钾三要素施用量对源、库建成的影响进行了分析。结果表明：在优化栽培处理下，大豆实现亩产200千克以上，光合源的主要指标LAI和LAD均呈单峰曲线变化，峰值出现在结荚鼓粒期，最大LAI应在5以上，总光合势在17万（平方米·天）/亩以上；其群体干物质积累呈S形曲线变化，个体与群体发育良好，籽粒库容较大，库充实良好。大豆对三要素的吸收在结荚鼓粒期达到高峰，阶段吸收量和吸收速率均达最大，保证此期三要素的供应，是增源扩库的关键。源库的改变表明源限制库扩大和充实，库对源具有反馈调节作用。疏源减库改变源库比，存留的叶荚的光合作用和干物质积累出现了补偿，但因其补偿作用不能弥补减少源库所造成的损失而使产量均有不同程度的下降，而且减库对产量的影响重于减源，库是限制产量的主要因素。合理的密度，适宜的氮、磷、钾配施，是实现大豆源库协调发展的关键。本试验研究表明，吉育47大豆高产优化栽培的主要技术指标是：密度2.6万株/亩、施磷量（P_2O_5）5.0千克/亩、施钾量（K_2O）5.73千克/亩、种肥氮量3.06千克/亩、追肥氮量2.53千克/亩。在此基础上，通过科学地栽培管理，促进源库协调发展，可实现大豆亩产200千克以上。

关键词： 大豆；源库关系；高产优化栽培

① 导师：刘克礼教授、高聚林教授。
论文提交日期：2002年5月。

玉米饲用栽培的物质生产特性及营养品质研究

吕淑果[①]（2000—2003）

玉米饲用是当今玉米利用乃至整个农牧业协调发展的导向之一。本试验于2001—2002两年对三个不同类型5个玉米品种在其饲用物质生产特性和营养品质方面进行了系统研究，以期对玉米饲用栽培实践和合理利用提供理论依据。试验结果表明：

不同类型玉米由于其生育进程、群体结构及生理特性的不同，最终导致物质生产能力的差异和营养品质的不同，各类型品种干物质积累量表现为科青1号>中单9409>东陵白>科多8号>掖单13；由于含水率不同，鲜物质积累量表现为科青1号>科多8号>中单9409>东陵白>掖单13。籽粒产量粮饲兼用型玉米品种中单9409与普通玉米品种掖单13无显著差异，但均大于青贮专用型玉米品种。干物质分配青贮专用型玉米品种以茎鞘较多，而粮饲兼用型及普通型玉米品种以籽粒较多。鲜、干物质积累量各类型品种对密度与氮肥处理的反应不同，但总体上均随密度及氮肥的增加而提高，干物质分配受密度及氮肥的影响较小。

不同类型玉米品种各器官营养成分含量不同，营养成分在各器官中的分配也不相同，全株干物质各营养成分含量也因品种而异。就营养成分含量而言，粗蛋白含量科多8号最高，而科青1号最低，中单9409、东陵白及掖单13居中；粗脂肪含量粮饲兼用型玉米品种较高，普通型玉米品种其次，二者均高于青贮专用型，其中粮饲兼用型玉米品种中单9409，普通型玉米品种掖单13与青贮专用型品种科多8号的差异达显著水平；粗纤维含量青贮专用型玉米品种较高，粮饲兼用型玉米品种居中，普通型玉米品种最低，其中科多8号与中单9409及掖单13差异极显著水平，科青1号与掖单13差异也达极显著；无氮浸出物的含量普通型玉米品种>粮饲兼用型玉米品种>青贮专用型玉米品种，其中掖单13及中单9409与科多8号达显著水平，粗灰分含量青贮专用型玉米品种>普通型玉米品种>粮饲兼用型玉米品种。由于干物质中营养成分含量的不同及干物质积累量的不同，营养成分积累量不同类型品种间也存在一定的差异性。营养成分含量及积累量均受栽培措施的影响。

初步认为在当地生态条件下，掖单13可进行籽粒单独利用，秸秆收获后青贮，收获期在9月20日或适当提前；中单9409最适收获期为9月20日，亦可单独收获籽粒，秸

① 导师：高聚林教授、刘克礼教授。

论文提交日期：2003年6月。

秆青贮；科青 1 号、东陵白和科多 8 号应进行全株青贮，其适宜收获期为 9 月 20 日左右或适当提前。

关键词： 不同类型玉米；饲用物质生产特性；营养品质

春小麦高产超高产源库关系及其机理的研究

杨永梅①（2000—2003）

本试验以永良4号、90鉴210为供试品种，对春小麦高产、超高产栽培源、库形成及其相互关系进行了系统的研究。结果表明：采取适宜种植密度和氮肥适量后移等科学栽培技术措施，控制群体叶面积指数处在适宜范围，并使其发展变化合理，以实现叶面积持续期较长，群体花后干物质积累量多，为源的扩大和库的充实提供物质来源；通过适量氮肥后移保持叶片较高的光合生理活性，提高生育后期的光合效率，可有效地提高每穗可孕小花数、穗粒数及灌浆速率；在氮磷钾合理配施的基础上，前氮后移，即药隔期追适量氮肥，可增强植株生育后期的氮素营养水平，实现源足、流畅、库大，是实现超高产的主要技术途径。

关键词： 春小麦；超高产；源；库

① 导师：刘克礼教授、吕凤山教授、高聚林教授。

论文提交日期：2003年5月。

内蒙古河套平原黄灌区农业生产结构分析及优化调整

徐春霞[①]（2001—2004）

通过对内蒙古河套平原黄灌区农业生产现状的大量实地调查，并在定性与定量分析总结的基础上，采用投入产出的方法，对隶属该地区的五原县、杭锦后旗、临河市、乌拉特前旗的能流、物流进行了分析；用灰色关联度的方法对影响这些地区农业生产结构的驱动因子进行分析；并运用线性规划的方法，以土地、资金等为约束条件，针对不同地区构建农业生产结构调整优化模型，提出了调整方案策略。具体研究结果如下。

（1）农田生态系统总投能、总产出能及总产出能和总投入能之比均为增加趋势，说明系统的能效逐渐提高；无机能投入量占总投能的比值较大，均在70%以上，其中化肥的投入量最大，有机能占总投能的比值较小，不足30%，农田生态系统中有机能与无机能的比例失调，农田生态系统的能量自给能力较差。这些地区能量产投比均大于1，说明整个农田生态系统为能量产出系统。农田生态系统氮、磷、钾素物质循环中氮、磷为正平衡，钾为负平衡，农田生态系统物质循环不尽合理。

（2）进一步应用灰色关联度法分析该地区农业生产结构。①种植业生产要素对农业总产值的影响：五原县、杭锦后旗、临河市农用化肥对农业总产值的影响最大，乌拉特前旗农业机械总动力对农业总产值的影响最大。②畜牧业对农业总产值的影响：杭锦后旗、临河市羊存栏数对农业总产值的影响最大，五原县在畜牧业发展方面处于较低水平，牛及大牲畜存栏数是影响其农业生产总值的主要因素，其次是养羊业；乌拉特前旗草地面积相对其他地区较大，人均草地面积是影响农业生产总值的主要因素。③种植业对畜牧业产值的影响：粮食总产是影响五原县、杭锦后旗、临河市畜牧业产值的主要因素，同时这三个旗县的种植业产值对畜牧业产值的影响最小，粮食总产对这三个地区的畜牧业产值形成正向影响作用；乌拉特前旗种植业产值对畜牧业产值的正向影响最大。④农村产业结构对农业总产值的影响：五原县、临河市第一产业产值对人均GDP的影响最大，对人均GDP的贡献额最大；杭锦后旗、乌拉特前旗第三产业产值对人均GDP的影响最大。

（3）应用线性规划的方法，对该地区2002年农业生产结构进行规划调整，调整方案为：各旗县市增加奶牛的饲养，减少肉牛的饲养；加强养羊业的发展，降低养猪数；在保证主要粮食作物小麦产量的前提下增加玉米的种植面积；五原县、乌拉特前旗、杭锦后旗要增加经济作物葵花的种植面积，临河市、杭锦后旗增加蔬菜的种植面积。五原县、杭锦

① 导师：高聚林教授、刘克礼教授。
论文提交日期：2004年5月。

后旗、乌拉特前旗、临河市优化调整后的农业纯收益分别是实际农业纯收益的 3.56 倍、3.26 倍、5.42 倍、4.18 倍。

关键词： 农业生产结构；农田生态系统；灰色关联度；线性规划；优化调整

大豆高产栽培生理基础的研究

罗瑞林[①]（2001—2004）

本试验以吉育47、吉育56为材料，系统研究了大豆在不同密度、施氮量处理下，光合性能、干物质积累、氮磷钾吸收积累和分配、籽粒形成过程中脂肪和蛋白质的积累以及产量的形成规律。结果表明：大豆实现公顷产量3 000千克以上，光合性能的主要指标LAI、LAD均呈单峰曲线变化，峰值出现在结荚鼓粒期，最大LAI应在6左右，总光合势在30×10^5（平方米·天）/公顷以上；叶绿素含量最大值为55毫克/升以上；其个体和群体干物质积累均呈S形曲线变化；大豆对氮、磷、钾三要素的吸收在结荚鼓粒期达高峰，分别占总吸收量的60.44%～66.67%、66.94%～76.22%、54.24%～65.25%。成熟期植株氮磷含量以籽粒为最高，钾素以荚皮中含量最高，三要素在植株体内的积累量表现为：N＞K_2O＞P_2O_5。生产百千克籽粒吸收N 9.19千克、P_2O_5 2.83千克、K_2O 3.66千克，N∶P_2O_5∶K_2O＝3.25∶1∶1.29；大豆籽粒形成过程中，干物质和脂肪积累均呈S形曲线变化，蛋白质积累呈近似W形的不规则曲线变化。本试验研究表明，吉育47品种实现公顷产量3 000千克以上的优化农艺栽培措施是：株数28.5万株/公顷、施磷量（P_2O_5）60千克/公顷、施钾量（K_2O）30千克/公顷、种肥氮46.8千克/公顷、追肥氮52.5千克/公顷。

关键词：大豆；高产栽培；生理基础

---

① 导师：刘克礼教授、高聚林教授。

论文提交日期：2004年5月。

通辽市农业生产结构调整及优化的研究

邢洪涛[①]（2002—2005）

农业生产结构调整是促进农业经济增长和社会发展、增加农民收入、全面建设小康社会的重要途径。

本文借鉴国内外农业生产结构调整的经验，在通辽市两种农业类型区（平原灌区、坨沼区）1996—2003年的农业生产结构现状分析的基础上，应用AEZ法和综合比较优势指数法进一步对通辽市两种农业类型区的资源潜力和农产品的生产优势进行了分析、评价；以市场为导向，以效益为中心，以推进农业产业化经营为目标，运用改进的线性规划方法，建立两种农业类型区农业生产结构调整优化模型，并对通辽市两类型农业区2008年和2013年农业生产结构调整方案进行了优化。结果表明：农业生产结构经过优化后，农民人均农牧业纯收入均有较大程度的提高，在平原灌区2008年高、中、低三个投入水平下，农民人均农牧业纯收入分别较2003年提高2.12倍、2.46倍、2.77倍，2013年与2008年同等投入水平相比，分别提高1.25倍、1.41倍、1.56倍；在坨沼区2008年高、中、低三个投入水平下，农民人均农牧业纯收入分别较2003年提高1.51倍、1.64倍、1.86倍，2013年与2008年同等投入水平相比，分别提高1.47倍、1.56倍、1.79倍。

关键词： 通辽市；农业；生产结构；调整

① 导师：刘克礼教授、高聚林教授。

论文提交日期：2005年5月。

岭东南旱作丘陵区农业生产结构分析及优化调整

崔文芳①（2002—2005）

通过对岭东南旱作丘陵区农业生产结构现状的实地调查，采用投入产出法对隶属该区域的莫力达瓦达斡尔族自治旗（莫旗）、阿荣旗和扎兰屯市的资源潜力和能流、物流进行分析；运用灰色理论进一步确定促进这三个市（旗）经济迅速发展的优势产业；运用线性规划的方法，立足资源，针对三个市（旗）构建以牛羊为主的农牧结合型农业生产结构调整优化模型，提出了调整策略。具体研究结果如下。

资源潜力分析表明，三个市（旗）的作物增产潜力比较可观。其中，三个市（旗）的马铃薯增产潜力最大，水分对于马铃薯是重要的限制因子；莫旗增产潜力较大的是玉米，温度和水分是其重要的限制因子；阿荣旗和扎兰屯市增产潜力较大的是小麦，水分和土壤肥力是重要的限制因子。

农田生态系统总投入能和总产出能基本呈增加趋势，能量产投比处于波动状态，表明系统的能效逐渐提高，但不稳定；无机能投入量占总投能的比值较大，均在75%以上，其中化肥的投入量最大，有机能占总投能的比值较小，不足25%，农田生态系统中有机能与无机能的比例失调，农田生态系统的能量自给能力较差，但整个农田生态系统仍为能量产出系统。农田生态系统物质循环中，仅扎兰屯市表现氮、磷正平衡，其余两旗氮、磷、钾均为负平衡，农田生态系统物质循环不尽合理，其投入不足，仍为掠夺式经营。

灰色理论进一步确定这三个市（旗）的优势产业，结果表明：①莫旗和扎兰屯市的优势产业是种植业、畜牧业；阿荣旗的优势产业是种植业和林业。②种植业生产要素对种植业总产值的影响：莫旗的化肥施用量对农业总产值的影响最大，阿荣旗和扎兰屯市年降水量对农业总产值的影响最大；牲畜存栏数对畜牧业总产值的影响：羊存栏数均对三个市（旗）旗市畜牧业总产值的影响最大。③农村产业结构对农业总产值的影响：阿荣旗和扎兰屯市第一产业产值对人均GDP的影响最大；莫旗第三产业产值对人均GDP的影响最大。

应用线性规划的方法，对该地区农业生产结构进行规划调整，以牛羊为主的农牧结合型模式的经济效益、生态效益和社会效益明显优于以猪为主的农牧结合型发展模式。以牛羊为主的农牧结合型发展模式调整方案为：各旗市增加奶牛的饲养量，莫旗、阿荣旗和扎兰屯市的奶牛饲养量分别达到2.78万头、2.5万头、5.51万头，维持肉牛和羊现有规模，

① 导师：高聚林教授、刘克礼教授。

论文提交日期：2005年5月。

逐步减少养猪数量，三个市（旗）养猪的适宜规模分别为 12.45 万头、12.34 万头、13.01 万头；在稳定粮食产量的前提下，适当增加饲料玉米和经济作物的种植面积，三个市（旗）经济作物和饲料作物分别增加 3 个和 7 个、5 个和 15 个、2 个和 24 个百分点，粮食比重下降 10 个、20 个和 26 个百分点，三个市（旗）的粮-经-饲比例由调整前的 9.6∶0.1∶0.3、8.7∶0.8∶0.5、7.2∶1.7∶1.1 变为 8.6∶0.4∶1.0、6.7∶1.3∶2.0、4.6∶1.9∶3.5。

关键词：农业生产结构；农田生态系统；优化调整

高丹草水分高效利用的生理机制

赵涛[①]（2003—2006）

本实验于2004—2005两年对高丹草在不同土壤水分和不同栽培措施下生理生化特性与水分利用效率的系统研究，以期揭示高丹草水分高效利用的生理机制，为高丹草节水高产栽培提供理论依据。实验结果如下。

不同类型品种的WUE存在明显的差异，以高丹草1号＞饲用甜高粱＞健宝。WUE随P_n呈现出二次曲线变化趋势，P_n与T_r的非线性关系可以用抛物线方程表示，其中P_n最高时的T_r为临界值，超出该值即为奢侈蒸腾。实施提高气孔阻力并抑制蒸腾的措施，既节约水分又促进光合作用，可提高作物WUE，增加产量。P_n和T_r随叶片温度的增加而增加，在一定温度范围内，叶片温度升高对提高叶片WUE有利。

施氮肥增加气孔导度没有明显作用，而单叶净光合速率明显增大，进而提高单叶水分利用效率。施磷肥在一定程度上弥补了干旱胁迫对植株生长发育及代谢活性所造成的伤害，并最终表现在显著提高了产量和水分利用效率。覆膜能够促进高丹草的生长发育，节水增产。

关键词： 高丹草；叶片生理特性；水分利用效率

① 导师：高聚林教授、刘克礼教授。

论文提交日期：2006年5月。

春小麦衰老特性与氮肥调控的研究

郭改玲[①]（2003—2006）

2003—2005 年在内蒙古农业大学教学农场，采用 15-1106、新春 6 号、宁春 4 号、巴优 1 号四个小麦品种，研究了小麦衰老进程以及不同氮肥处理对小麦衰老进程的影响。结果如下。

小麦开花后旗叶光合速率、叶绿素含量和可溶性蛋白质含量，叶片过氧化氢酶（CAT）活性先缓慢下降，至衰老后期转为快速下降，其变化趋势均可用函数 $Y=A+BX+CX^2$（Y 为上述各指标，X 为开花后天数）进行描述。旗叶丙二醛（MDA）为膜脂过氧化产物，其含量高低反映细胞膜脂过氧化水平，小麦 MDA 含量和质膜透性开花后先缓慢升高，衰老后期转为快速升高，变化趋势可用函数 $Y=A\mathrm{e}^{BX}$（Y 为代谢指标值，X 为开花后天数）进行描述。

小麦的生长具有同步特性，其叶片衰老的同时籽粒进行灌浆，根据籽粒生长进程的 Logistic 曲线方程，把籽粒生长进程分成三个阶段：籽粒建成阶段、籽粒线性增重阶段和籽粒缓慢增重阶段。

在高产条件下，适当加大小麦生育中后期追氮比例，进行氮素调控，可明显提高小麦籽粒形成期叶面积指数和叶面积持续期，有效抑制叶绿素的降解，并使植株体内叶片保护酶（POD、SOD、CAT）保持较高活性，降低生育后期细胞膜脂过氧化水平，从而延缓了功能叶片的衰老，有利于延长籽粒灌浆期与光合产物的形成和积累，提高籽粒产量。

关键词： 小麦；衰老；氮素调控；产量

① 导师：刘克礼教授、高聚林教授。

论文提交日期：2006 年 5 月。

施磷量对大豆不同生育时期水分胁迫补偿效应的研究

赵艳玲[①]（2003—2006）

本研究以吉育 47 为试验材料，通过盆栽土培法系统地研究了不同施磷量对大豆不同生育时期水分胁迫的补偿效应。结果表明：大豆始花期水分胁迫减产幅度最大，增加施磷量对产量的补偿效应最显著，对鼓粒期水分胁迫的产量补偿效应不显著；施磷能减轻水分亏缺对大豆株高和单株叶面积的胁迫程度，相对增加了单株的干物质积累量；增加施磷量相对提高了大豆根系干物重、根冠比和根系的活跃吸收面积，提高了根系活力；施磷能显著提高水分胁迫下大豆叶片脯氨酸、可溶性糖以及可溶性蛋白的含量；降低叶片相对电导率值，减少丙二醛含量；提高水分胁迫下大豆叶片抗氧化保护酶（SOD、POD 和 CAT）活性，降低大豆叶片蒸腾作用，提高其光合速率和水分利用效率，增强其抗旱性和水分胁迫下的代谢状况。

关键词：大豆；水分胁迫；施磷量

① 导师：刘克礼教授、高聚林教授。
论文提交日期：2006 年 5 月。

硒对大豆生理生化与产量影响的研究

赵斌[①]（2003—2006）

本试验以吉育47、中作962、九农20为材料，系统研究了大豆在不同硒浓度处理下，光合性能、干物质积累、抗氧化酶系统、籽粒中脂肪和蛋白质的含量变化及其产量的形成规律。结果表明：不同硒浓度处理下，光合性能的主要指标LAI、LAD均呈单峰曲线变化，峰值出现在结荚鼓粒期，最大LAI在5左右，总光合势在30×10^5（平方米·天）/公顷以上；其个体和群体干物质积累均呈S形曲线变化；不同硒浓度处理下，促进了植株的生长，产量增加，叶绿素含量、可溶性蛋白质含量，叶片中SOD、PPO、POD活性均增加。本试验研究表明，适宜的硒浓度处理可以显著提高植株叶片的抗氧化性，籽粒硒含量增加。试验表明，施用硒可以显著提高大豆籽粒中硒含量，是栽培富硒大豆的可行途径。

关键词： 大豆；硒；生理生化

① 导师：刘克礼教授、高聚林教授。

论文提交日期：2006年5月。

氮肥运筹对玉米饲用栽培物质生产及营养品质影响的研究

范磊[①]（2004—2007）

玉米饲用是当今玉米利用乃至整个农牧业协调发展的导向之一。本试验于2005—2006两年，对不同氮肥运筹处理下，两个不同类型三个玉米品种的饲用物质生产特性和营养品质方面进行了系统研究，以期对玉米饲用栽培实践和合理利用提供理论依据。试验结果如下。

（1）氮肥运筹通过影响玉米的生长发育而最终影响其产量形成。氮肥运筹对粮饲兼用品种农大108和青贮品种科青1号、金坤9号的鲜物质产量、干物质产量有显著影响。随着生育进程的推进，三个玉米品种群体鲜物质积累量皆呈单峰曲线变化，群体干物质积累量呈S形曲线增长。不同施氮水平对三个玉米品种的鲜、干物质积累量影响皆表现为N4＞N5＞N3＞N2＞N1。收获期三个玉米品种鲜、干物质产量均以拔节期、大喇叭口期、抽穗期3∶6∶1追氮，即氮肥适量后移处理为最高；拔节、大口期3∶7比例追氮次之；而拔节、大口期5∶5追氮最低。

（2）氮肥运筹对三个玉米品种饲用营养品质有显著影响。随着氮肥施用量的增加，三个玉米品种粗蛋白、粗脂肪、无氮浸出物、总消化养分的含量相应增加，但当施氮量超过一定值时，其含量不再增加反而减小。随着氮肥施用量的增加，三个玉米品种粗蛋白、粗纤维、粗脂肪、无氮浸出物、总能、消化能和代谢能的积累量相应增加，但当施氮量超过一定值时，其积累量不再增加反而减小，均表现为N4＞N5＞N3＞N2＞N1。收获期营养品质积累量均以拔节期、大喇叭口期、抽穗期3∶6∶1追氮，即氮肥适量后移处理为最高；拔节、大口期3∶7追氮次之；而拔节、大喇叭口期5∶5追氮最低。

（3）施氮量与玉米饲用栽培鲜、干物质产量、营养品质之间的关系可以用一元二次方程较好模拟，经过综合分析得到玉米饲用栽培最优施氮量为337.5千克/公顷，在此施氮量下在拔节期、大喇叭口期、抽穗期按3∶6∶1的比例追肥3次，可显著改善植株生长发育状况，提高玉米生物产量及饲用营养品质，玉米饲用生产应提倡适量增施氮肥和氮肥适量后移。

关键词： 玉米；饲用栽培；氮肥调控；物质生产；营养品质

① 导师：高聚林教授、刘克礼教授。

论文提交日期：2007年5月。

春玉米节水高产栽培生理基础及其农艺调控研究

吴凌波①（2004—2007）

干旱和半干旱地区常伴有季节性或难以预期的干旱，其结果会对农业生产造成严重影响。因此，研究如何提高干旱和半干旱地区作物产量和水分利用效率有重要的实际意义。本实验通过行上覆膜、行间覆膜和不覆膜三种不同覆膜方式及不同灌水次数的试验，研究了不同生育时期内不同覆膜方式和灌水次数对玉米生长发育、光合作用、抗旱指标和产量的影响，以及玉米田水分动态和水分利用情况。结果表明，不同覆膜方式、灌水次数下玉米叶面积指数、株高、单株干物质重、叶绿素含量、净光合速率、蒸腾速率、气孔导度的变化差异均表现为：灌2水>灌1水>不灌水，行间覆膜>行上覆膜>不覆膜；同时，灌两次水行间覆膜下叶绿素含量最高，对光合作用贡献最大，进而对产量影响也大。玉米叶片电导率、可溶性糖含量、脯氨酸含量变化趋势是：不灌水>灌1水>灌2水，不覆膜>行上覆膜>行间覆膜。

在不同覆膜方式及灌水次数下，春玉米的耗水规律表现为生育前期少、中期多、后期略少的变化趋势。土壤水分利用率以行间覆膜>行上覆膜>不覆膜，灌2水>灌1水>不灌水。行间覆膜灌2水处理玉米产量高，但水分利用效率相对行间覆膜灌1水处理低；行间覆膜灌1水处理节水增产的效果明显，每毫米水籽粒产量增产百分数较不覆膜增产13.81%，较行上覆膜增产4.93%。

关键词： 玉米；覆膜方式；灌水次数；水分利用效率

① 导师：高聚林教授、刘克礼教授。

论文提交日期：2007年5月。

玉米根系生长发育特性及与地上部关系的研究

管建慧[①]（2004—2007）

本研究采用了PVC管栽与大田试验相结合的试验方法，通过设计不同密度处理，系统研究了玉米不同层位根系的生长发育特性；根系干重在土壤中的空间分布状况；根系与地上部生长发育的关系，具体研究结论如下。

不同密度处理下，玉米单株根系的根长、根干重、根体积、根系表面积以及活跃吸收面积，均随着玉米生长发育的进程呈单峰曲线变化，拔节期—吐丝期生长最快，峰值均出现在吐丝后12天左右，之后随生育进程的推进缓慢下降，到成熟期各指标仍保持一定的水平。在播种后23天以前，密度对其影响较小，播种23天之后均随着密度的增加而降低。不同层位根系发生和功能持续的时间不同，峰值出现时间和大小也不同，表现为一个交替消长的过程，根层位愈高，发生时间越晚，其峰值也愈大。

不同密度处理下，0～100厘米土层内根系干重在整个生育期内均呈单峰曲线变化，峰值出现在灌浆期前后。根系达到干重峰值后以高密处理的下降速度最快。根系干重在土壤中的垂直分布情况为：在大喇叭口期以前，根系干重峰值出现在10～20厘米的土层内，而后随着土层深度的增加根系干重迅速下降。大喇叭口期以后根系干重在土壤中的垂直分布呈负指数曲线趋势变化。根系干重在土壤中的水平分布情况为，不同密度处理根量均呈现以植株中心由内向外逐渐减少的变化。

玉米的根冠比随生育进程的推进不断减小，并呈“慢—快—慢”的趋势变化。苗期根冠比最大，其变化较为平稳。拔节期到大喇叭口期，根冠比下降速度最快。大喇叭口期以后，根冠比的下降又趋于平缓，到成熟期降到最低。玉米根系与地上部的生长发育对群体扩大的反应具有同步的影响，二者均随群体的增扩大而削弱，以根系的削弱最为明显，且生育后期这种抑制现象越严重。玉米根系表面积与叶面积在生育期内也具有同步变化规律，二者相互制约，相互促进。玉米根系与产量形成密切相关，吐丝期后的根量与籽粒产量呈正相关，以灌浆期根系干重与产量呈显著正相关。

关键词： 玉米；种植密度；根系；形态特征；生长发育；地上部

① 导师：刘克礼教授、郭新宇副研究员、高聚林教授。
论文提交日期：2007年5月。

基于多源数据的冬小麦变量施肥研究

蒋阿宁[①]（2004—2007）

本研究针对精准农业技术体系中快速获取作物长势、养分信息，并处理和决策变量施肥的关键问题，于2005—2006年在北京市小汤山国家精准农业研究示范基地，开展了基于多源数据的变量施肥试验研究。主要应用ASD FR 2500便携式地物光谱仪及SPAD-502型叶绿素计为光谱数据的获取手段，提取冬小麦冠层光谱和叶绿素含量，利用多源数据进行冬小麦变量施肥技术和施肥机理的研究。建立了基于冠层光谱指数、SPAD、土壤养分数据、光谱数据和作物生长模型结合的变量施肥模型，并就不同施肥模型对冬小麦产量、品质及经济效益和生态效益的影响进行了评价。讨论了不同施肥模型的优缺点，以建立适合我国农业生产条件的冬小麦变量施肥模型。主要研究结果如下。

基于冠层光谱指数的变量施肥、利用叶绿素计进行的变量施肥、基于土壤肥力与目标产量的变量施肥、三种变量施肥的籽粒产量和生物量均明显高于均一施肥处理和无肥处理，并利于籽粒品质的改善，大幅度提高冬小麦的产投比，经济效益、生态效益明显。基于光谱数据和作物生长模型（CERES-Wheat）结合的变量施肥，CERES-Wheat作物生长模型能较好地反映冬小麦的生长状况，变量施肥区的产量、籽粒品质、经济效益及生态效益均优于均一施肥处理和无肥处理。

对四种变量施肥算法的结果进行分析比较表明，基于光谱数据和作物生长模型结合的冬小麦变量施肥其经济效益和生态效益在四种变量施肥算法中最显著，在所有观测项目中，其产量、生物量及品质指标在四者之中也是最高的，变异系数在四者之中最低，由此可见，最佳的变量施肥方式是基于光谱数据和作物生长模型相结合的冬小麦变量施肥。

关键词： 冬小麦；光谱指数；SPAD；变量施肥；籽粒产量；籽粒品质；经济效益；生态效益

---

① 导师：刘克礼教授、黄文江副研究员、高聚林教授。

论文提交日期：2007年5月。

黄河流域农业气象干旱时空格局变化研究

史建国[①]（2004—2007）

黄河流域对中国农业乃至整个国民经济发展具有举足轻重的作用。然而，干旱缺水已成为制约这一区域农业可持续发展的重要限制因子。因此，研究流域农业气象干旱的变化特点，并根据地区特点合理规划与高效利用水资源，发展现代节水农业，对我国粮食安全、生态安全和资源安全都具有重要的战略意义。

本文根据国家气象局整编的1957—2001年（45年）黄河流域93个气象站点的系列气象资料，借助ArcGis、Surfer等技术手段，分析计算了黄河流域干燥度、农田潜在蒸散量和水分亏缺量的变化规律，取得的结果如下。

（1）黄河流域多年平均干燥度空间分布特点是北高南低，呈现由北向南逐渐递减趋势。干燥度年际间呈波动上升趋势；季节变化为冬季>春季>秋季>夏季；全年干燥度变化以7月、8月、9月最小，11月至翌年3月最大。

（2）黄河流域农田潜在蒸散量是东高西低，北高南低，由东北向西南递减；平原潜在蒸散量多于高原。潜在蒸散量年际变化呈先降后升趋势；季节变化为夏季>春季>秋季>冬季；上、中、下游均以5～7月潜在蒸散量最大，11月至翌年2月最小。

农田水分亏缺量自南向北、自东向西呈增大趋势。年际间总体上呈增大趋势；季节变化为春季>夏季>冬季>秋季；上、中、下游水分亏缺量均以4月、5月、6月最多，7月、8月、9月最小。

（3）以干燥度为主要依据，辅助降水指标，并结合区域自然地理条件等，将黄河流域分为干旱区、半干旱区、半湿润区和湿润区四个类型区。又据每一区域内部气候、自然地理等生产条件的差异性，又进一步划分为19个亚类型区。并对各类型区相应的农业发展模式进行了探讨，为黄河流域旱作节水农业的可持续发展提供理论依据。

关键词： 黄河流域；干燥度；潜在蒸散量；Penman-Monteith法；时空格局；克里格插值；农业气象干旱

---

① 导师：刘克礼教授、严昌荣研究员、高聚林教授。

论文提交日期：2007年5月。

内蒙古玉米杂交制种区域分布及影响因素分析

罗军[①]（2005—2008）

本研究以近年来内蒙古自治区农作物种子市场、质量、品种管理及杂交玉米种子生产实际为背景，从2003—2007年内蒙古自治区杂交玉米种子生产登记表入手，通过筛选、排序、分类汇总，形成内蒙古自治区不同年度、不同区域杂交玉米制种面积分布、品种数量分布、制种企业数量分布、主要生产品种分布。确定了制种基地主要分布的市（盟）、县（旗、区）区、乡（镇、苏木）。并通过对哲单7号、四单19、哲单39这3个杂交玉米品种不同年份、不同生产的纯度、水分、发芽率、千粒重、粗蛋白含量、粗脂肪含量、淀粉含量7项指标的室内检测，形成部分区域3个品种杂交种子的种子品质分布。在此基础上，从区域自然生态条件、区域经济发展状况、种子市场状况、产业政策等多角度对影响分布的因素及作用情况进行了比较全面的分析。明确了内蒙古自治区优势制种盟市和旗县区，并对发展潜力和主要限制因素进行了分析。

研究表明，制种区域积温和灌溉条件是决定区域分布的主要自然因素。自然隔离条件好的区域，能够通过降低生产成本，提高企业的聚集程度，土壤条件基本对分布没有影响；区域的经济发展状况影响农民的种植选择和企业的经营行为，从而促进或抑制区域自然生态优势的发挥。总体看，区域经济发展水平高，种植业结构多元的地区，农民一般不会选择玉米制种。在农民收入水平相对低、以粮食作物种植为主、有精耕细作栽培传统地区容易引导农民进行制种。农民组织化程度高的地区，利于提高制种规模；供求关系和价格变动能够引导生产品种结构和企业结构的变化。市场环境直接影响区域生产企业、品种、面积的分布。国家投资能够通过改善基础设施，影响区域制种分布。在按照制种操作技术规程进行栽培管理的情况下，生态环境对杂交种子品质形成没有太大的影响。促进营养物质积累的栽培措施不能显著提高种子发芽率。

关键词： 杂交玉米；制种；区域分布；影响因素

---

① 导师：高聚林教授。

论文提交日期：2008年5月。

大豆水分高效利用及农艺节水调控机制的研究

李丽君[①]（2005—2008）

内蒙古地处干旱半干旱地区，是中国重要的生态治理区域，由于水资源不足，分布不均，农田水分供应极不平衡，加之灌溉、耕作、管理技术粗放等因素，致使土壤水分蒸发强烈，土壤蓄水能力差，耗损严重，有限的水资源利用效率较低。同时，内蒙古作为我国重要的高油大豆生产基地之一，但大豆单产不高，甚至低于全国平均单产水平。为此，如何同步实现高油大豆高产和高水分利用效率具有重要的生产应用价值，进一步探索其生理机制具有重要的理论意义。

本文系统研究了不同覆膜方式和不同生育时期灌水对大豆地上部分和地下部分生长的影响及土壤水分动态变化，进而明确高油大豆高产和高水分利用效率的生理机制。主要结果如下。

（1）不同覆膜方式对大豆株高和叶面积指数影响均表现为行间覆膜（CFBR）＞行上覆膜（CFOR）＞不覆膜（NFC）。不同生育时期灌水对大豆株高影响表现为分枝＋开花＋结荚＋鼓粒灌水（CK2）＞分枝期灌水（FZQ）＞开花期灌水（KHQ）＞结荚期灌水（JJQ）＞鼓粒期灌水（GLQ）＞分枝＋开花＋结荚＋鼓粒均不灌水（CK1）；对大豆叶片叶绿素含量影响表现为GLQ＞JJQ＞KHQ＞FZQ＞CK2＞CK1；对大豆叶片相对含水量影响表现为FZQ＞GLQ＞KHQ＞CK1＞JJQ＞CK2。

（2）CFBR和FZQ均能提高大豆叶片的光合速率和叶片水分利用效率。

（3）不同覆膜方式和不同生育时期灌水，大豆全生育期0～100厘米土层水分动态变化均呈明显的季节性变化，并与当地气象条件密切相关，播种期至分枝期为土壤水分损耗期；分枝期至结荚期为土壤水分大量损耗期；结荚期至成熟期为土壤水分缓慢恢复期。

（4）不同覆膜方式对大豆根系干重、活力的影响表现为CFBR＞CFOR＞NFC，对根系活跃吸收面积的影响则表现为CFOR＞CFBR＞NFC。不同生育时期灌水对大豆根系鲜重的影响表现为CK2＞KHQ＞JJQ＞FZQ＞GLQ＞CK1；对根系活力影响表现为CK1＞JJQ＞GLQ＞ KHQ＞FZQ＞CK2；对根系活跃吸收面积影响表现为FZQ＞CK2＞JJQ＞GLQ＞KHQ＞CK1。

（5）CFBR和FZQ至KHQ灌水实现了大豆高产和高水分利用效率相统一。

关键词： 大豆；根系；土壤含水量；产量；WUE

① 导师：高聚林教授。

论文提交日期：2008年5月。

春玉米超高产群体叶片衰老特性及节水调控

桑丹丹[①]（2006—2009）

玉米是重要的饲料、工业原料和粮食作物，在国民经济中占有非常重要的地位。随着人口的增多和人均耕地的逐年减少，必须通过提高作物单产以达到提高总产的目的。在多年玉米高产攻关的基础上，如何使玉米达到“超高产”，是摆在科技工作者面前的重要课题。目前，国内对于超高产玉米已有初步研究，但有关超高产玉米在节水灌溉技术体系下叶片衰老特性及水分高效利用机理尚未见报道。为此，本研究是在已实现超高产（2006年亩产 1 158.3 千克）的基础上，通过覆膜技术、生育期调亏灌溉技术及隔沟交替灌溉技术等栽培手段来调控玉米的需水状况，研究春玉米超高产群体花粒期不同层次叶片衰老特性，并进一步探讨超高产春玉米叶片衰老特性及节水措施的调控效应。试验主要结论如下。

（1）超高产春玉米花粒期不同层位叶片衰老生理生化指标比较如下：叶片 POD 活性、相对电导率值均表现为：下位叶＞穗位叶＞上位叶；CAT、SOD 活性表现为：上位叶＞穗位叶＞下位叶；MDA 含量表现为：穗位叶＞上位叶＞下位叶；不同层位叶片净光合速率、气孔导度、蒸腾速率变化趋势表现为：中上部叶片（上位叶和穗位叶）＞下位叶。

（2）本研究中，行间覆膜、大喇叭口期调亏及隔沟交替灌溉均能明显提高玉米花粒期上位叶、穗位叶保护酶（POD、CAT、SOD）活性，降低叶片中 MDA 含量和相对电导率值，同时提高叶片净光合速率，减小气孔导度，降低蒸腾速率，明显提高水分利用效率，延缓叶片衰老，形成保护机制，维持并延长花粒期玉米叶片的功能期，保证籽粒充分灌浆成熟，提高粒重，进而提高产量，实现超高产。

（3）本研究中，行间覆膜结合大口期调亏灌溉的优化栽培技术，起到了春玉米节水高产的理想效果。在玉米田间灌水量等量的条件下，采用隔沟交替灌水可进一步提高产量。

关键词：春玉米；超高产；叶片衰老；节水调控

① 导师：高聚林教授。

论文提交日期：2009 年 5 月。

春玉米超高产群体冠层铅直结构特征及农艺措施调控

王俊秀[①]（2006—2009）

本试验采用大穗型品种良玉 58、中穗型品种内单 314、小穗型品种京单 28 这 3 个玉米品种，在不同产量水平下，不同覆膜方式、不同生育时期调亏灌溉方式下，对春玉米冠层铅直结构、功能特性进行系统研究，结果如下。

不同穗型 3 个玉米品种籽粒产量皆突破亩产吨粮。玉米超高产群体冠层结构特征是：全株叶倾角较小，而叶向值较大，株型相对紧凑，改善了棒三叶及其下部叶的受光条件，使群体冠层结构合理，各层光分布适宜，截获较多的光合有效辐射，减少漏光损失，提高光能利用率，且相应提高了各层叶片的光合速率，合成更多光合产物，实现超高产。

行间覆膜可使春玉米超高产群体的植株叶片功能期延长、LAI 和 LAD 增大、P_n 和叶绿素提高，冠层内光分布均匀而合理，能截获更多的光合有效辐射量，透光率增大，避免下层叶片早衰，提高光合能力，获得更大产量。不同覆膜处理在冠层各层中对叶片功能期、LAI、LAD、P_n、光合有效辐射量及透光率均表现为 SPF>UPF>NPF。

大喇叭口期调亏灌溉能显著提高玉米穗粒数、粒重及经济系数。主要是实现了光在群体冠层内合理分布，冠层有适宜的叶片姿态、透光率，截获较多光合有效辐射量；并增大各层叶片光合速率，降低蒸腾速率；大喇叭口期调亏灌溉方式下植株矮，但茎秆粗壮，减小了前期植株营养生长对光合产物的消耗，促进生殖生长并积累、储存较多光合产物；后期复水对植株有超补偿作用，合成、转运更多光合产物，库源协调发展。

行间覆膜和大口期调亏灌溉处理下，群体积累的干物质最多，群体源库扩大且源库比例较为协调。不同覆膜与调亏灌溉处理下，不同光合器官对产量的贡献率表现为叶片>茎鞘>雌穗，且棒三叶上部叶>棒三叶>棒三叶下部叶，穗上位茎>穗下位茎。调亏灌溉处理下非叶光合器官对产量的贡献率有所增加。

关键词：春玉米；超高产；冠层铅直结构；穗型；农艺措施

① 导师：高聚林教授。

论文提交日期：2009 年 5 月。

转 *ERF* 基因旱稻盐碱胁迫下光合生理反应

常英芬[①]（2006—2009）

改善作物光合性能尤其是逆境下的光合性能，是实现作物高产的关键。许多科学家认为，继“绿色革命”和杂种优势之后，改善作物光合性能是突破产量限制的最主要途径。而提高作物抗逆性也一直是众多科研工作者关注的热点。目前，该方面研究主要是将调控转录水平的转录因子转入受体植株，转录因子再与顺式作用元件结合，调控与抗逆相关多个基因的表达，最终实现作物抗逆高产。

ERF 是在植物中发现与逆境胁迫相关的一类转录因子，*TERF1* 和 *LeERF2* 都属于 *ERF* 类转录因子。前人研究报道，转录因子（*TERF1*、*LeERF2*）可提高植物抗逆性，如：干旱、高盐、低温、甘露醇、糖等非生物胁迫，该转录因子可诱导与 *GCC-box* 和 *DRE*/*CRT* 胁迫相关基因的表达，从而提高植株非生物胁迫耐性，但研究多从分子方面揭示其抗性分子机制。有研究表明，*TERF1*、*LeERF2* 转录因子提高逆境下旱稻苗期光合速率，但关于该基因对旱稻光合作用和耐盐碱性的影响及其调节机理仍不很清楚。本研究以 *T2* 代转 *TERF1*、*LeERF2* 基因旱稻为材料，进行芽期以及苗期耐盐碱性、分蘖期耐盐性以及旱稻高温强光照条件下开花期光合特征的研究。得到结果如下。

（1）Na_2CO_3胁迫下，*TERF1*、*LeERF2* 以及 *TERF1-LeERF2* 双价基因提高了旱稻（H297）种子发芽率、发芽势以及苗期抗氧化能力和叶绿素含量。旱稻种子发芽率和发芽势具体表现为，转双价基因旱稻＞转单价基因旱稻（*TERF1*、*LeERF2*）＞野生型对照，但转 *TERF1*、*LeERF2* 基因旱稻之间差异不明显。苗期抗氧化能力和叶绿素含量方面的差异表现为转双价基因旱稻在 Na_2CO_3胁迫下增幅最大，且较高浓度下（0.2% Na_2CO_3）比在较低浓度下（0.1% Na_2CO_3）的优势表现更明显。

（2）转 *LeERF2* 基因旱稻 NaCl 胁迫下维持较强的光合能力。结果表明，50 毫摩尔 NaCl 胁迫下，光合能力的下降主要是由气孔因素引起的，而 100 毫摩尔 NaCl 胁迫下，光合能力下降则主要由非气孔因素引起，转 *LeERF2* 基因旱稻和野生型对照相比在 NaCl 胁迫下仍能维持较高的光合速率，且随着 NaCl 胁迫浓度的加大，转 *LeERF2* 基因旱稻的高光效优势越明显。

（3）在 NaCl 胁迫下，对分蘖期旱稻进行光曲线和二氧化碳曲线测定，结果表明，胁迫前转 *LeERF2* 基因旱稻和野生型对照的光饱和最大净光合速率和表观量子效率差异不

---

① 导师：高聚林教授、丁在松副研究员。

论文提交日期：2009 年 5 月。

显著，胁迫 10 天后虽都有下降但转基因旱稻仍能维持在较高水平，分别是野生型的 1.55 倍和 1.16 倍，而且转基因旱稻植株的暗呼吸速率明显高于野生型对照。

（4）高温强光照条件下（海南），对开花期转 *TERF1*、*LeERF2* 以及 *TERF1-LeERF2* 基因旱稻（H65、H297）光合特征参数进行测定。结果表明，转 *TERF1-LeERF2* 双价基因旱稻和野生型对照相比，其后代群体光合速率得到普遍提高，而转单价基因旱稻野生型对照相比差异不明显。而且对转双价基因旱稻（H65、H297）各光合参数做相关性分析发现，其光合速率和羧化效率呈极显著正相关（$P>0.01$）。

关键词： 转基因旱稻；*ERF* 转录因子；*TERF1*；*LeERF2*；胁迫；光合性能

水分胁迫和不同施氮量下大豆生长及生理特性研究

李曼[①]（2007—2010）

本文以 4 个具有不同抗旱性的品种为材料，在灌水和不灌水两种条件下，研究了 5 个施氮肥水平下大豆地上部形态特征、叶片生理生化特性、叶片光合特性和地下部形态特征和生理特性，旨在从植株整体角度分析春大豆在水分胁迫条件下生长及生理特性机理，为春大豆生产区大豆生产提供理论依据。主要结果如下。

水分胁迫条件下，大豆植株营养生长减弱，抗旱性强的品种达到最佳生长状态所需施氮量低于抗旱性弱的品种，且不同品种和器官对氮肥反应不同；叶片相对含水量、叶绿素含量和硝酸还原酶活性降低，叶片脯氨酸含量、超氧化物歧化酶活性、丙二醛含量和相对电导率升高，不同生理生化指标的最优值对应的施氮量和生育时期不同；叶片 P_n 和 T_r 降低，且随施氮量增加呈单峰曲线变化，叶片 G_s 和 C_i 降低，且随施氮量增加呈 V 形曲线变化；大豆单株根系鲜重、根系体积、根系活力、根系总面积和根系活跃吸收面积降低，且随着施氮量的增加呈单峰曲线变化；亩株数基本不变，株荚数、荚粒数、百粒重和产量均降低。抗旱性强的品种受水分胁迫影响较小，抗旱性弱的品种受水分胁迫影响较大。在一定施氮量范围内，施氮量增加促进大豆营养生长与生殖生长；当施氮量超过一定范围时，则会阻碍大豆植株的生长。

关键词： 大豆；施氮量；水分胁迫；生理生化；光合；根系

① 导师：高聚林教授。

论文提交日期：2010 年 5 月。

不同栽培模式下超高产春玉米根冠衰老特性研究

高英波[①]（2008—2011）

本试验以内单 314 为供试材料，2009 年试验设置农户（F）、高产高效（HH）、超高产（SH）、超高产高效（SHH）4 种栽培模式。2010 年对 SHH、SH 两种模式设置了播前深松（深松 30 厘米）试验。通过对不同栽培措施下、不同产量水平群体根冠衰老规律、结构功能特性进行对比分析，明确春玉米超高产群体根冠衰老规律和产量的差异性及其调控机制。试验结果如下。

不同栽培模式下，春玉米花粒期不同层位叶片之间表现为下部叶片衰老早于上部叶片，穗部叶片衰老最晚。随生育进程推进，同一土层根系活力、POD、SOD 活性表现为降低趋势，根系活力最大值表现出空间下移趋势；MDA 含量一直呈递增趋势，且随着土层深度的增加而降低。春玉米散粉后根系首先表现出保护酶活性、根系活力降低趋势，表明根系衰老在时间上早于叶片衰老。

SHH 与 SH、HH、F 相比，通过适量增施氮肥和氮肥分期追施，减小了由密度的增大对后期干物质积累的影响，延长了春玉米群体叶面积指数高值持续时间，维持了春玉米花粒期较高的根系总表面积和总体积，提高了根系活力、P_n、根叶保护酶活性，且后期下降相对较慢，膜脂过氧化产物（MDA）的积累缓慢。

深松处理有效提高了超高产春玉米花粒期干物质积累比例和 LAI，明显增加了超高产春玉米根系总表面积、总体积和根系干重。叶片的 SPAD、F_v/F_m，根系活力和根叶保护酶活性均有所提高，膜脂过氧化产物较少。深松处理对超高产春玉米 20～40 厘米土层根系的生理生化性状影响最为明显。

SHH 与 SH、HH、F 相比，产量和氮肥利用效率均最高，分别提高了 9.62%、1.14%、13.64%，且达到极显著差异。深松处理下，SSHH、SSH 的产量用分别比 SHH、SH 提高 9.25%、7.82%，氮肥利效率提高 4.57%、6.03%。

综上所述，SSHH 能更好地维持春玉米花粒期根冠较强的活性氧清除能力，增强花粒期根冠生理功能，防止早衰，保证产量形成水分和无机养分的供给及较大的叶源和光合物质生产，是春玉米能够获得超高产的重要生理基础，是春玉米栽培中既高产又高效的栽培模式。

关键词：春玉米；栽培模式；根冠衰老；高产高效

① 导师：高聚林教授。

论文提交日期：2011 年 5 月。

春玉米超高产高效的氮肥调控生理机制

叶君[①]（2008—2011）

以实现春玉米超高产高效为目的，在多年多点实现春玉米超高产的基础上，通过施氮量及深松培氮等农艺措施来调控玉米的营养状况，研究春玉米超高产群体花粒期不同层位叶片光合特性和根系活力特征，并进一步探讨超高产春玉米根冠衰老过程及深松培氮的调控效应。主要结果如下。

（1）施氮量在 0～439.8 千克/公顷范围内，随着施氮量的增加，花粒期玉米各层位叶片光合特性和保护酶（POD、CAT、SOD）活性明显提高，相对电导率和 MDA 含量显著降低，群体较高的叶面积指数和叶干重得到维持。当施氮量超过 439.8 千克/公顷时，各层位叶片的上述参数出现相反趋势，且叶位越低越显著。就叶片衰老特征而言，上位叶衰老不经历缓衰期，散粉 20 天后立即进入速衰期。中位叶表现出整个花粒期缓慢衰老。下位叶的衰老由两段组成，散粉后 0～20 天为缓衰期；20～40 天进入速衰期。

（2）施氮量 439.8 千克/公顷处理的物质生产及氮磷钾积累量均高于其他处理。其单株干重达到 261.38 克，干物质积累潜力最大；氮素积累量为 216.87 千克/公顷，磷素积累量为 32.22 千克/公顷，钾素积累量为 176.83 千克/公顷；SPAD 与叶片含氮量显著相关，可作为超高产春玉米高密度群体施氮量是否合理的快速诊断指标。拔节期在 32～34 天；大口期在 49～51 天；抽雄期在 65～66 天，低于以上下限值，要及时补施氮肥。

（3）深松可显著提高根系活力并增加根重、根系体积及根表面积；而氮肥适量深施可使根系下移，明显提高深层根系特别是 20～40 厘米根系的活力及比重。在春玉米超高产的基础上，OPTN-15 处理将氮肥利用率提高到 39.82%，使该地区春玉米高产性能得到有效发挥，同时提高了氮肥利用率，有利于实现超高产高效。

关键词： 春玉米；超高产；高效；氮肥

① 导师：高聚林教授。

论文提交日期：2011 年 5 月。

超高产春玉米根冠衰老特性及对密度的反应机理

王海燕[①]（2008—2011）

增密是实现春玉米超高产的基本条件，但增密又加剧了玉米个体的衰老进程，而果穗大小不同的品种对增密的反应不同。试验选用高秆大穗型和中秆中穗型两种穗型品种，在不同种植密度（7.5 万～12.0 万株/公顷）条件下，从根冠两个方面探索超高产春玉米的衰老特性。试验结果如下。

（1）不同种植密度处理下，超高产春玉米花粒期不同层位叶片间表现为下位叶衰老早于上位叶和穗位叶，穗位叶衰老速度最慢；不同土层根系衰老均呈现空间下移的现象，随密度增加根冠衰老加速。根冠抗衰老隶属函数值表明种植密度处理主要是通过地上部叶片细胞内的 POD 活性和地下部根系活力影响植株衰老。

（2）花粒期春玉米单叶光合特性、荧光特性、氮素积累和根冠衰老酶活性（SP、SPAD、POD、SOD 和根系活力）随种植密度的增加降低，而 LAI 和根冠膜脂过氧化产物随密度的增加而增加。

（3）高秆大穗型品种不同粒位粒重对密度的反应表现为弱势粒＞强势粒＞中势粒；中秆中穗型品种不同粒位对密度的反应表现为强势粒＞中势粒＞弱势粒。两种穗型品种最大灌浆速率、平均灌浆速率均与粒重呈极显著正相关关系，灌浆持续期和达到最大灌浆速率的时间与粒重呈负相关或显著负相关，高秆大穗型品种弱势粒最大灌浆速率出现的时间比强势粒和中势粒分别延后平均 7.33 天和 5.11 天，中秆中穗型品种分别延后平均 5.95 天和 3.69 天。

（4）叶片氮含量在吐丝期和灌浆期与 SPAD 和 P_n 均表现为极显著正相关关系，而在成熟期相关程度变弱或不相关；籽粒氮含量与 SPAD 和 P_n 在三个时期均呈正相关关系，与 SPAD 的相关程度大于 P_n；两种穗型品种的氮收获指数均在 10.5 万株/公顷时最大。

（5）随密度间距的增大，两种穗型品种增产效果显著。中秆中穗型品种的产量及产量构成因素在各密度处理下的差异显著性小于高秆大穗型品种，高秆大穗型品种更容易产生“密度效应”。

综上所述，超高产春玉米品种在高种植密度条件下具有较高的产量，主要与其在生长的过程中具有较高的 LAI、群体干物质积累量高、籽粒灌浆高值持续期长和花粒

① 导师：高聚林教授。

论文提交日期：2011 年 5 月。

期较高的根系活力有关。因此，在适宜的种植密度下，增大叶面积指数，增加群体干物质积累量，提高花粒期较高的根系活力和根冠保护酶活性，扩大总库容，有利于获得高产。

关键词： 超高产；春玉米；根冠衰老；种植密度

玉米种质资源水分利用效率评价

贾宁[①]（2008—2011）

为选育抗旱性强、耗水少、水分利用效率高的品种。以19个玉米自交系为材料，采取正常灌溉和适度水分胁迫处理，对自交系叶片水分利用效率（WUE）、光合速率（P_n）、蒸腾速率（T_r）、气孔导度（G_s）、胞间CO_2浓度（C_i）、相对叶绿素值（SPAD）和荧光动力学参数进行研究。结果表明，不同自交系WUE差异显著，而且对水分的敏感程度也存在显著差异；适度水分胁迫使G_s、P_n、T_r都有所下降，但各材料的下降幅度不同，其中T_r的下降幅度要大于P_n下降的幅度，使得WUE比正常灌水处理下有所升高；自交系WUE与P_n、最大荧光（F_m）、可变荧光（F_v）、PSⅡ原初光能转换效率（F_v/F_m）及PSⅡ潜在活性（F_v/F_0）达到显著相关。黄早四和GMo17在灌浆期对水分胁迫的耐受能力较强；适度水分胁迫对穗行数没有影响，行粒数和产量都有不同程度的减少，大部分供试材料的水分利用效率均有不同程度的增大，只有综31、吉846和合344有不同程度的减少。

不同自交系同一性状的一般配合力效应值有很大差异，表现为正向效应和负向效应。产量和产量水平WUE的一般配合力效应来看，测验种K12的产量、产量水平WUE和叶片水分利用效率的一般配合力相对效应值（GCA）较高；在被测系中浚18雌、旱21、丹598和5003的产量、籽粒产量WUE和叶片水分利用效率的GCA较高。从特殊配合力和超对照优势来看，95个杂交组合中，产量和产量水平WUE超过对照四单19的有41个组合，占总组合数的43%。超过对照先玉335的有6个组合，占总组合数的6%。

根据ISSR标记结果，在$D=0.70$处，24个玉米自交系明确的聚成5组，其中辽2345、浚18雌、K22、478、5003、旱21、郑58共7个自交系被分为一类；178和沈151被分为一类；双741、黄早四、444、K12、昌7-2、吉853、综31共7个自交系被分为一类；丹598和丹5566被分为一类；GMo17、吉846、龙抗11、Mo17、合344、SHMo17共6个自交系被分为一类。上述分类结果与根据系谱分类法的分类结果基本一致，所用引物可以将供试不同玉米自交系完全分开，并可以作为区分供试不同玉米自交系的依据。

关键词： 玉米；自交系；水分利用效率；评价

① 导师：高聚林教授。

论文提交日期：2011年5月。

高密植对不同类型玉米品种茎秆抗倒伏特征及光合特性的影响

高鑫[①]（2009—2012）

本试验以增密增产潜力较大的先玉 335、内单 314、郑单 958 和稀植大穗品种沈单 16、四单 19、浚单 20、内单 205、科河 8 号为试验材料，在 7.50×10^4株/公顷、9.75×10^4株/公顷、12.00×10^4株/公顷 3 种高密植条件下，研究不同类型玉米品种的茎秆抗倒伏特征和光合特性对密植的响应情况。结果如下。

（1）根据不同品种的茎秆性状指标与产量性状指标的聚类分析，可将供试品种分为两类，抗倒性较强且产量高的品种有先玉 335、内单 314 和郑单 958；抗倒伏性较弱且产量较低的品种有沈单 16、四单 19、浚单 20、内单 205 和科河 8 号。

（2）高密植条件下，植株茎秆农艺性状：穗位高、茎粗、单位长度干物质重、茎壁厚度及纤维素含量，茎秆力学特征：穿刺强度、压碎强度与折断力度均降低。其中，单位长度干物质重、茎壁厚度、纤维素含量及茎秆力学特征与茎秆的抗倒伏特性密切相关，是评鉴茎秆抗倒能力的重要指标。

（3）高密植条件下，随光合性能指标的 LAI、F_0 增大，LAD、NAR、SPAD、T_r、C_i、P_n、F_v/F_m、F_v/F_0 均减小；不同层位叶片的 T_r、P_n，F_v/F_m 与 F_v/F_0 表现为上位叶＞穗位叶＞下位叶，C_i、F_0 表现为下位叶＞穗位叶＞上位叶，对于 SPAD，抗倒伏性强的品种表现为穗位叶＞下位叶＞上位叶，抗倒伏性弱的品种表现为穗位叶＞上位叶＞下位叶。与抗倒伏性较弱的品种相比，抗倒伏性较强的品种上位叶与下位叶的 T_r、P_n 较高，C_i 较低；LAI、LAD、F_v/F_m、F_v/F_0 较小，NAR、F_0 较大。

（4）高密植条件下，不同类型玉米品种的根系干重均随密度的增大及土层的加深而逐渐减小，且变化幅度逐渐缩小。与抗倒伏性较弱的品种相比，抗倒伏性较强的品种在10～50 厘米各土层之间的根系干重较大且下降趋势较为缓慢。

（5）高密植条件下，穗粒数、千粒重、结穗率降低。与抗倒伏性较弱的品种相比，抗倒伏性较强的品种的穗粒数较低，但具有较高的千粒重与结穗率，这是其能够在高密植条件下增产的主要原因。

关键词： 高密植；玉米；抗倒伏；光合性

---

① 导师：高聚林教授。

论文提交日期：2012 年 5 月。

深翻秸秆还田对高产春玉米冠根衰老的影响

白建芳[①]（2010—2012）

为进一步探索玉米高产挖潜的途径，采用普通旋耕、深松、深翻秸秆还田三种耕作方法，探索其对延缓高产春玉米衰老和提高玉米产量的作用效果。深翻秸秆还田通过打破犁底层、改善土壤质量，能够有效延缓高产春玉米冠层的衰老，显著提高产量；进一步通过玉米根系扩展深度的研究，明确了各根层根系对产量的相对光合贡献率。试验结果如下。

（1）与普通旋耕深松相比较，深翻秸秆还田显著提高了高产春玉米的产量。产量构成因素表明，深翻秸秆还田是通过极显著提高玉米千粒重而显著提高产量的。两穗型品种间，高秆大穗型品种的产量和穗粒数显著高于中秆中穗型品种，但千粒重和秃尖长均极显著小于中秆中穗型品种。

（2）与普通旋耕和深松相比较，深翻秸秆还田提高了高产春玉米花粒期冠层叶片的光合能力、叶绿素相对含量（SPAD）、F_v/F_m、F_v/F_0、叶面积指数（LAI），有效延缓了玉米叶片的衰老。两穗型品种间，中秆中穗型品种各层位叶片的光合能力高于高秆大穗型品种，高秆大穗型品种对耕作方式的改变更为敏感。

（3）与普通旋耕和深松相比较，深翻秸秆还田提高了高产春玉米的生物积累量，两穗型品种的干物质积累量都高于其他处理下的干物质积累量。两穗型品种间相比较，散粉后（0 天）高秆大穗型品种的单株干物质量小于中秆中穗型品种的单株干物质量；散粉后 15 天到成熟期单株干物质量则表现为高秆大穗型品种＞中秆中穗型品种。

（4）与普通旋耕和深松相比较，深翻秸秆还田提高了超氧化物歧化酶（SOD）的活性，而降低了过氧化物（POD）的活性。两穗型品种间衰老活性酶的差异不明显。

（5）与普通旋耕和深松相比较，深翻秸秆还田提高了高产春玉米源库协调能力。深翻秸秆还田处理下，高产春玉米的粒叶比、各层位叶片对产量的光合贡献率均提高，而籽粒败育率降低，产量提高。两穗型品种相比较，散粉后 0～15 天，粒叶比表现为高秆大穗型品种＞中秆中穗型品种，在散粉后 15～45 天，粒叶比则表现为中秆中穗型品种＞高秆大穗型品种。中秆中穗型品种各层位叶片的产量贡献率高于高秆大穗型品种，籽粒败育率则表现为相反趋势。

（6）三种耕作方式处理下，两穗型品种各层位叶片对产量的光合贡献率均表现为棒三叶上部叶>棒三叶>棒三叶下部叶。棒三叶上部叶数量多，采光效果好，对产量的光合贡

① 导师：高聚林教授。

论文提交日期：2012 年 6 月。

献率最大；棒三叶光合能力强，但数量只有三片叶，其光合贡献率居中；棒3叶下部叶在花粒期开始枯黄衰老，光合贡献率最小。

（7）随着根系扩展深度的增加，根系生长空间、可利用土壤养分空间增加，土壤深层根量增加，平均每扩展20厘米，根系干重平均增长19.54%，同时产量平均增长17.91%。

综上所述，深翻秸秆还田通过提高高产春玉米冠层叶片的光合作用，协调源库关系，最终延缓玉米衰老并且提高了产量。根系扩展深度加深促使玉米深层根系量增加，通过扩大根源而提高了产量。在前人已经创造出高产纪录的条件下，采用深翻秸秆还田措施和加大深层根系量是内蒙古春玉米产量进一步提高的挖潜途径。

关键词： 玉米；产量；冠层衰老；根系扩展深度

耕作及覆膜方式对高产春玉米耗水规律及水分利用的影响

吕佳雯[①]（2010—2013）

玉米生长关键时期，灌水紧张、降水有限，严重制约了玉米生产潜力的发挥。本试验在不同耕作措施及覆膜方式下，明确高产春玉米耗水规律及水分利用效率，进一步探究高产春玉米节水高产机理。试验结果如下。

（1）大喇叭口期前，高产春玉米耗水层分布于0～60厘米土层，耕作措施使耗水层移至0～40厘米处；深翻和隔年错行条带深旋处理均有较强的保水和蓄水能力，深松处理在干旱条件下保水能力最差，在湿润条件时蓄水能力最强。不同覆膜处理下，耗水层移至0～30厘米处，行间覆膜处理土壤含水量最高。

（2）耕作和覆膜有效降低高产春玉米总耗水量。不同耕作措施下，表现为深翻<隔年错行条带深旋<秋季深松35厘米<对照；各耕作处理显著提高播种至吐丝期耗水模系数，显著降低吐丝期至成熟期耗水模系数。不同覆膜方式下，行间覆膜处理总耗水量最低。

（3）隔年错行条带深旋处理显著降低土壤粒径、土壤容重和土壤紧实度，显著提高田间持水量和灌水质量；秋季深翻和秋季深松经历冬季-春季冻融过程，显著降低土壤粒径、土壤容重和土壤紧实度，显著提高田间持水量、灌水质量。

（4）较农户种植模式，高产模式显著提高籽粒产量和生物产量。耕作和覆膜均能够显著提高高产春玉米籽粒产量和生物产量，以隔年错行条带深旋处理和行间覆膜处理最大，并显著提高水分利用效率、水分生产效率和叶片水分利用效率。

关键词： 高产；春玉米；耕作；覆膜；耗水规律；水分利用

---

① 导师：高聚林教授。

论文提交日期：2013年5月。

深松深度对高产春玉米花粒期根冠特性及产量形成影响的研究

尹斌[①]（2010—2013）

针对内蒙古平原灌区存在耕地犁底层坚硬、耕层浅、土壤结构差及实现大面积春玉米高产重演性差这一特点，本试验于2011年和2012年设深松35厘米（S35）、深松25厘米（S25）、浅旋15厘米（CK）三个处理，通过研究深松对土壤结构、紧实环境、根系构型、花粒期地上部碳氮积累和转运规律以及花粒期叶片光合衰老特性的影响，揭示机械化深松增产机理。试验结果如下。

（1）深松措施能显著降低0～40厘米土层的紧实，改善土壤紧实环境，且随深松深度的增加，其降低紧实效果越持久，尤其降低行间紧实环境越明显。

（2）深松措施均有增强生育后期土壤深层（40～60厘米）的蓄水能力和增大后期深层（20～40厘米）土壤水稳性团聚体粒径的效果，并且以吐丝期时作用效果最为明显，且随深松深度增加此功效及效果愈加明显。

（3）S35和S25在灌浆期无明显增加单株根系干重，但S35增大行间20～60厘米土层的根重分布比例，且随土层的加深而逐渐加大，S25增大0～20厘米行上位置根重分布比例。S35和S25的0～60厘米土层根长分别较对照高出46.24%、33.53%，根表面积均较CK处理高出19.59%，且均表现出根长和根表面积下移的趋势，且随深松深度的增加而愈加显著。S35以增加行间位置深层土层的根长、根表面积分布比例最为显著。S25根长和根表面积分布比例随土层的加深而逐渐降低，S25减少行上0～20厘米的分布比例，增大20～60厘米的分布比例；增大了行间0～40厘米，减小了40～60厘米分布比例。

并且，深松有助于促进0～0.2毫米径级根系长度的生长，尤其增大深层细根的分配比例，增加30～40厘米土层的比根长，改善30～40厘米土层的根系特征。S25更有助于增大20～40厘米土层的0～0.2毫米径级根长分布比例，有助于增加30～50厘米土层的比根长；S35更有助增大40～60厘米较深土层的0～0.2毫米径级根长分布比例，有助于增加30～60厘米土层的比根长。

（4）随深松深度的增加，延缓棒三叶SAPD下降、下层叶片和营养器官氮素输出越明显，群体叶面积指数下降幅度越小，保持较高的光合能力越明显，地上部干物质和氮素积累量越显著，尤其表现在吐丝18～36天。

---

① 导师：高聚林教授。

论文提交日期：2013年5月。

综上所述，S35 较 S25 能更好地打破犁底层，降低土壤紧实环境、增强后期深层土壤蓄水能力和增大水稳性团聚体粒径，能更好地改善根系生长及构型，延缓叶片衰老愈加明显，保证了后期较高的地上部干物质积累和氮素积累，从而在吐丝后 36 天内奠定坚实的产量基础。

关键词： 深松深度；玉米；土壤物理特性；根系形态；冠层特性

深翻及施氮量对高产春玉米光合性能及氮素利用的影响

张峰[①]（2010—2013）

深翻能疏松土壤，降低土壤紧实度，促进作物根系下扎。适宜的施氮量能延缓春玉米的衰老，提高氮肥利用率，增加产量。因此，为达到高产氮肥高效的目的，本研究将深翻与施氮量结合，分别对深翻及其不同施氮量（施纯氮 0 千克/公顷、300 千克/公顷、450 千克/公顷、600 千克/公顷）条件下的土壤物理性质、叶片衰老、氮素吸收与利用、籽粒建成等进行比较分析，探讨深翻对玉米生长的作用效果，并明确与其相适应的氮肥施用量。试验结果如下。

（1）深翻措施能降低土壤容重和紧实度，增加气相和液相的比例，增强土壤结构性，改善土壤物理性质，并能优化根系的垂直分布，增加 30～60 厘米土层根系的根干重，增加 70～80 厘米土层内单 314、30～70 厘米土层浚单 20 的根长、根表面积、根体积。

（2）深翻措施能减缓叶片的衰老速度，维持较高的叶面积指数和叶片净光合速率。深翻条件下，施纯氮 450 千克/公顷处理衰老最慢，300 千克/公顷次之，600 千克/公顷最快。说明配合适宜的施氮量能构建合适的植株衰老进程，提高成熟期地上部氮积累量和籽粒氮积累量，达到高产高效的目的。

（3）深翻施纯氮 300 千克/公顷与 450 千克/公顷产量相当，高于施纯氮 600 千克/公顷，且深翻施纯氮 300 千克/公顷氮肥利用率极显著高于 450 千克/公顷和 600 千克/公顷处理。深翻后施纯氮 300 千克/公顷就可以达到不深翻条件下施纯氮 450 千克/公顷的产量，且氮肥偏生产力提高 40%以上。

（4）深翻措施能提高籽粒灌浆速率，延长活跃生长期，提高千粒重。千粒重高是深翻处理比浅旋处理增产的直接原因，而深翻后根系垂直分布得到优化，叶片衰老得到延缓是深翻处理优于浅旋处理的根本原因。深翻条件下产量提高的直接原因也是千粒重的提高。本试验条件下粒重与最大灌浆速率和活跃生长期显著或极显著正相关，且粒重与活跃生长期相关系数较高。深翻条件下施纯氮 300 千克/公顷处理的活跃生长期较不深翻处理延长 0.9～11.4 天。

综上所述，深翻处理具有较高的产量，主要与其在生长过程中具有较高的净光合速率、较发达的深层根系、较长的籽粒活跃生长期有关。因此，在采取深翻的措施下，施用

① 导师：高聚林教授。

论文提交日期：2013 年 5 月。

适量的氮肥（纯氮 300 千克/公顷），能维持花粒期较高的光合速率，扩大总库容，提高氮吸收效率，有利于达到高产高效栽培。

关键词：春玉米；深翻；施氮量；光合性能；氮肥利用

条带深旋及不同施氮量下高产春玉米增产增效机理

翟永胜[①]（2010—2013）

本试验在高密植条件下研究了两种条带深旋（TX和GTX）及4个不同施氮水平对高产春玉米土壤结构、根系、叶片衰老及氮肥吸收利用等特性的影响，以明确条带深旋条件下氮肥吸收利用的高产高效机理。主要试验结果如下。

（1）条带深旋可以有效打破犁底层，降低0～30厘米土层土壤紧实度和容重，有利于提高播前和生育后期15～60厘米土层土壤含水量，加快了土壤硝态氮的运移速率。条带深旋增加了15～60厘米土层中根重的分配比例、根长密度分布及表面积密度分布，使根系变细变长，最大根长密度、最大表面积密度下移到了15～30厘米土层处。条带深旋吐丝期叶面积指数、叶片的P_n、F_v/F_m以及SPAD均较高，吐丝期到吐丝后30天的叶面积指数下降较慢，生育后期叶片的P_n、F_v/F_m以及SPAD保持较高水平，能够延缓叶片衰老。相比而言，GTX效果优于TX。

（2）条带深旋促进了地上部干物质的积累，提高了氮的吸收及利用效率，显著增加了春玉米的千粒重和穗粒数，TX和GTX分别增产19.68%和24.35%。相比而言，GTX效果优于TX。

（3）条带深旋（TX和GTX）条件下，不同施氮量籽粒含氮量以N30处理最高；相同施氮量下，GTX在各时期较TX吸氮量均有所增加，但是随着施氮量的增加，籽粒的含氮量降低，茎中氮素大量积累；氮素阶段积累量以在喇叭口期到吐丝期的氮素积累最多，且以N30最大，GTX-N20较TX-N20增加了吐丝期以前的氮素累积量，而GTX-N30较TX-N30以及GTX-N40较TX-N40各时期氮素阶段累积量均表现为增加的现象；氮肥吸收效率、氮肥利用效率和氮肥偏生产力随着施氮量的增加逐渐下降；氮素的利用效率及收获指数以N30最高。GTX较TX在不高于N30时有利于氮素的吸收和利用，使N20、N30的籽粒吸氮量、氮素利用效率及氮收获指数增加，高于N30时随着施氮量的升高氮素吸收利用能力下降。

（4）条带深旋（TX和GTX）条件下，不同施氮量处理间，以N30的千粒重、穗粒数及产量最高。GTX较TX能够增加N20、N30的粒重、穗粒数以及产量，且在N20方面增加明显，在N40时产量略有降低。

关键词： 条带深旋；春玉米；高产；高效

---

① 导师：高聚林教授。

论文提交日期：2013年5月。

玉米耐旱相关性状的鉴选及其与耐旱候选基因的关联分析

陈春梅[①]（2011—2014）

本试验利用遗传信息较为丰富的51份玉米自交系材料，选择与玉米自交系耐旱密切相关的2个基因（*DBP3* 和 *NAC1*），在3种不同环境下通过干旱胁迫检测到表型数据，进行基因多态性分析与耐旱相关性状之间的关联分析，其具体结果如下。

（1）通过2012TMC、2012HT和2013HT两年三点对51份玉米自交系进行抗旱性鉴定，分析了株高、穗位高、雄穗长度、叶片卷曲度、叶片持绿度、雌雄开花间隔天数ASI值、穗长、秃尖、穗粗、穗行数、行粒数、百粒重和单株产量13个表型性状。通过对其进行逐步回归分析发现，株高、穗位高、ASI值和百粒重的相对值与抗旱系数5个性状可以作为玉米自交系耐旱性评价的形态指标。据此采用系统聚类法将51份玉米自交系划分为3类，两年三点表现完全一致的自交系有32份，其中抗旱性强的自交系8份（沈137、H21、东46、吉8415、吉842、英64、H201、早49），抗旱性较强的自交系15份（K22、辽3053、3189、835、8002、吉818、龙抗11、甸11、郑22、S7913、CA156、8902、Y75、种苗28、7537-1），抗旱性弱的自交系9份（E28、丹340、200B、丹3130、196、7884、M14、SH15、X178）。

（2）玉米自交系吐丝期 P_n、WUE、F_v/F_m、Φ_{PSII}、SPAD的相对值可作为其抗旱性评价生理指标。玉米自交系吐丝期 P_n、SPAD、F_v/F_m、Φ_{PSII} 的相对值与其抗旱系数呈极显著正相关关系，而WUE的相对值与其抗旱系数呈极显著负相关关系；P_n、WUE、SPAD的相对值对抗旱系数有直接贡献，而 F_v/F_m 和 Φ_{PSII} 的相对值对抗旱系数起间接作用。同时，明确了抗旱性强、抗旱性较强、抗旱性弱三类玉米自交系吐丝期 P_n、WUE、F_v/F_m、Φ_{PSII}、SPAD的相对值和抗旱系数阈值范围。51份玉米自交系中，有8份（H201、H21、英64、吉842、早49、吉8415、东46和沈137）抗旱性强。

（3）在51份玉米自交系中检测到含有 *DBP3* 基因序列的自交系有39份，对 *DBP3* 基因序列分析发现，*DBP3* 基因中共检测到16个多态性位点，包括10个SNP，6个Indel；通过关联分析发现位点214和位点596与耐旱相关性状（株高、ASI值、单株产量）存在极显著关联（$P>0.001$），株高除与这2个位点关联外还与652极显著关联，ASI值除与这2个位点关联外，还与位点431极显著关联，单株产量还与位点702极显著关联；且这3个位点均位于 *DBP3* 基因的外显子1和外显子2中。

---

① 导师：高聚林教授。

论文提交日期：2014年5月。

（4）*NAC1* 基因在 36 份玉米自交系中检测到多态性位点，共检测到 9 个 SNP 位点和 5 个 Indel 位点；通过关联分析发现位点 102、447、629、735 和 803 与 ASI 值极显著关联，位点 316 和 583 与百粒重极显著关联，316、447、629、774 和 803 与单株产量极显著关联；这些位点大部分位于外显子 1 和外显子 2 中，只有位点 583 位于内含子区域。

关键词： 玉米；耐旱性；关联分析；*DBP3*；*NAC1*

滴灌条件下不同覆膜方式对春玉米生理特性及土壤环境的影响

李维敏[①]（2011—2014）

本试验通过滴灌条件下不同覆膜方式对春玉米生长发育状况，叶片光合生理效应，水分利用效率、产量及土壤环境等变化进行研究。结果如下。

1. 滴灌条件下不同覆膜方式对玉米生长发育的影响　滴灌条件下不同覆膜方式均能使玉米的生育进程提前，其中全覆膜滴灌（QM）和宽覆膜滴灌（KM）的促进作用最为明显。试验表明，QM、KM、SM、JM的干物质积累量分别比CK有一定的提高，各覆膜滴灌方式的干物质积累量均显著高于CK（$P>0.05$）。QM、KM、SM、JM比同期CK的LAI有所提高。QM、KM、SM、JM的玉米穗长、穗粗、穗粒数、百粒重均比较CK增加，故导致各覆膜滴灌方式较CK增产，其中增产幅度最大的为QM，其次为KM。

2. 滴灌条件下不同覆膜方式对玉米光合特性的影响　从玉米叶片净光合速率（P_n）、蒸腾速率（T_r）、气孔导度（G_s）、胞间CO_2浓度（C_i）、叶片水分瞬时利用效率（WUE_i）、相对叶绿素含量（SPAD）及荧光参数等多项指标综合进行分析，结果表明，各覆膜滴灌方式均对玉米的光合作用产生促进作用，QM、KM、SM、JM的P_n、T_r和G_s均显著高于CK（$P>0.05$）。WUE_i、P_n、T_r和G_s之间均呈显著正相关关系；且四项指标相互之间也均呈显著相关关系，而与C_i均呈现显著负相关关系。SPAD也较CK提高了6.1%～16.4%。覆膜滴灌方式下玉米叶片的基础荧光（F_0）减小，而最大荧光（F_m）、光化学效率（F_v/F_m）等参数增大，且QM和KM显著高于其他处理。不同覆膜滴灌方式的玉米不同层位叶片F_0值表现为下层叶>中层叶>上层叶；F_m值表现为下层叶片大于上层和中层叶片；F_v/F_m值表现为中层叶>上层叶>下层叶；且中层叶片与下层叶片差异显著。

3. 滴灌条件下不同覆膜方式对土壤水分、温度的影响　不同覆膜滴灌方式下，全生育期0～1米土层土壤含水量较CK高8.7%～24.9%，QM和KM增加显著。各生育时期均较CK高，表现为QM>KM>SM>JM>CK，分别较CK高6.12%～19.41%，土壤水分利用效率分别较CK高11.3%～27.3%。其中QM的土壤含水量和土壤水分利用效率最高，其次为KM。QM、KM、SM、JM的0～25厘米土层土壤日均温较CK升高；0～25厘米土层土壤平均温度较CK高1.2～5.1℃。≥10℃土壤积温分别较CK提高了

---

① 导师：孙继颖副教授、高聚林教授。

论文提交日期：2014年5月。

184.1～489.8℃、覆膜滴灌方式使得灌浆期土壤温度推迟低于16℃，利于玉米灌浆，使千粒重增加而增产。

关键词：春玉米；滴灌；覆膜方式；生长发育；生理特性；土壤环境

深耕方式对土壤物理性状及春玉米根冠特性的影响

李晓龙[①]（2012—2014）

针对内蒙古平原灌区由于常年采用小动力旋耕作业造成的耕层浅、犁底层厚且坚硬，土壤容重大，玉米根系下扎困难，对深层土壤中的水分养分吸收困难，产量偏低的情况，本试验设条深旋35厘米（TS）、深松35厘米（SS）、深翻35厘米（SF）三种深耕方式，以浅旋耕作15厘米（CK）为对照，通过比较研究不同处理下土壤物理性状、玉米根系和冠层结构、灌浆特性以及植株地上部干物质和氮素的积累及运转，探究深耕的增产机理。试验结果如下。

（1）深耕能够降低土壤容重，SF对15～45厘米土层容重降低效果显著，TS对0～15厘米土层、SS对15～30厘米土层容重降低影响较大。深耕能有效提高玉米吐丝期以后20～80厘米土层含水量。深耕后耕层土壤结构指数（GSSI）升高更加接近理想状态值100，土壤三相结构距离（STPSD）降低更加接近理想状态值0，使耕层土壤物理结构更加逼近理想状态，并且增加气相比和液相比，降低固相比。SF后20～60厘米土层具有较大的土壤结构指数和较小的土壤三相距离，土壤物理结构最为合理，优于其他处理。

（2）深耕后玉米根系干重、总根长和总根表面积均高于CK，促进根系下扎，20～60厘米土层根长和根表面积明显高于CK。在0～0.5毫米径级根系范围内，0.2毫米以下径级的细根所占比例最大，明显高于其他径级细根所占的比例。SF后玉米单株根系总干重、总根长、总根表面积均显著高于其他处理，并且20～50厘米土层的根系量较大，细根长和细根表面积也显著高于其他处理。

（3）深耕能够增大玉米叶面积指数，在吐丝后30天内穗位叶和下位叶保持较高的SPAD，能够维持玉米穗位叶和下位叶在吐丝后较长时间内保持较高的最大光化学效率和净光合速率。冠层LAI、SPAD、F_v/F_m、P_n均表现为SF＞SS＞TS＞CK。SF能够有效延缓玉米穗位叶和下位叶的衰老，而SS和TS仅对玉米下位叶的影响较为明显。

（4）深耕能够延长玉米活跃灌浆期（1.7～3.7天）和有效灌浆期（2.0～4.1天），增加最大灌浆速率和平均灌浆速率，提高灌浆中期和灌浆后期对籽粒干物质积累的贡献率。

综上所述，深耕能够降低土壤容重，增加玉米吐丝后土壤20～80厘米土层的含水量，提高蓄水能力；增加土壤结构指数，降低土壤三相结构距离，使土壤物理结构更加合理；

① 导师：高聚林教授。

论文提交日期：2014年5月。

促进玉米根系下扎，增加细根所占的比例，改善根系分布情况，有利于根系吸收土壤中的水分和养分。深耕后玉米叶面积指数和吐丝后SPAD、最大光化学效率和光合速率均得到提高，并能有效延缓穗位叶和下位叶的衰老，增加籽粒干物质积累的时间和速率，最终提高产量。

关键词：春玉米；深耕；土壤物理性状；根冠特性

不同配比复合肥对春玉米干物质及氮素积累与转运和产量的影响

鲍彦屹[①]（2012—2015）

基于目前玉米生产中各种复混缓控（释）肥种类多、有效成分配比各异，2013年和2014年在内蒙古5个试验点研究了不同配比复合肥一次性施肥对春玉米干物质积累转运、氮素积累转运、氮肥效率及SPAD等特性的影响，以明确一次性施用复合肥与传统的农户氮磷钾化肥施用方式的差异性。主要试验结果如下。

（1）一次性施用复合肥虽然施用于春玉米生育前期，但不影响春玉米后期对氮素的吸收积累。

（2）一次性施用复合肥能提高春玉米生育期地上部干物质、氮素积累和氮素转运。

（3）一次性施用复合肥能提高春玉米叶面积指数和叶片净光合速率。

（4）一次性施用复合肥与农户传统施肥模式相比产量、氮肥效率均差异不显著。

（5）一次性施用复合肥的产量和氮肥效率与CK差异不显著，但省去追肥作业程序，节省了劳动力和生产成本，具有节本增效的潜力。

关键词：春玉米；复合肥；干物质；氮素；产量

① 导师：高聚林教授。

论文提交日期：2015年5月。

宜机收高产玉米籽粒灌浆特性及光合性能对种植密度的响应

陈广庭[①]（2012—2015）

本试验在密植条件下研究先玉 335、大民 3307、郑单 958、KX3564、金创 3、金创 998 的适宜机械化收获评价，总结宜机收品种灌浆特性等，同时在不同密度下研究宜机收品种对密度的响应。根据适宜机械化收获指标进行品种筛选，通过聚类分析，将其分为两类，先玉 335 为宜机收性较好的品种，大民 3307、KX3564、金创 3、金创 998、郑单 958 为宜机收性较差的品种。通过方差分析发现，宜机收品种与宜机收性差的品种除平均灌浆速率无差异外，其他各项灌浆参数的差异性均达到显著水平。宜机收品种的灌浆速率快，灌浆时间短，灌浆速率随密度的增加而增大，达到 10.5×10^4 株/公顷密度时，灌浆速率和灌浆时间随密度的增加而降低。宜机收品种有较高的叶绿素相对值，可以有效延缓衰老，宜机收品种叶面积指数、叶片光合势、叶片净光合速率都维持较高水平，叶片光合能力较强。茎秆压碎强度、折断力度、穿刺强度明显高于机收性差的品种，随密度的增加而降低，其受密度的影响较大。如果适当延长灌浆渐增期、缩短灌浆快增期持续时间和灌浆缓增期持续时间，加快灌浆中后期灌浆速率，维持较高的叶绿素相对值，降低基础荧光，增加最大荧光转换效率，收获时期籽粒含水量就越低，更适宜机械化收获。

关键词： 玉米；密度；光合特性；灌浆特性

① 导师：高聚林教授。

论文提交日期：2015 年 5 月。

玉米回交导入系的构建及其抗旱性研究

赵晓亮[①]（2012—2015）

玉米在生长发育过程中，会受到各种各样的环境胁迫，水分胁迫对玉米产量的影响尤为严重。通过高代回交导入系的构建及筛选抗旱品种，是提高玉米耐旱性的有效途径。从90份我国常用的玉米自交系和4份玉米骨干自交系及其构建的90份BC_1F_2高代回交群体形态性状和产量性状指标的角度，探索玉米骨干自交系与其BC_1F_2的耐旱性，研究通过高代回交导入耐旱基因对玉米耐旱性提高的影响。先通过形态性状和产量性状指标分析90份玉米自交系的耐旱性，再利用4份骨干自交系和90份我国常用自交系杂交，构建F_1群体。继而构建BC_1F_2群体，并利用耐旱性不同的90份高代回交群体，采用A-lattice设计，在采取正常灌溉和干旱胁迫处理的条件下，分析形态和产量性状指标对干旱胁迫的响应及其与耐旱性的关系。通过比较分析亲本自交系和BC_1F_2高代回交群体形态性状和产量性状指标，得出通过高代回交导入，抗旱性提高的玉米自交系。试验结果如下。

（1）通过对90份我国常用玉米自交系及其构建的BC_1F_2高代回交群体的方差分析、回归分析和主成分分析研究，发现雌雄开花间隔天数ASI、百粒重和秃尖长3项指标参数可以用来评价玉米的耐旱性。

（2）用雌雄开花间隔天数ASI、百粒重和秃尖长的相对值和单株产量的耐旱系数进行K均值聚类分析研究，发现90份玉米自交系中有16份是强抗旱的，38份比较抗旱的和36份不抗旱的；在90份BC_1F_2高代回交群体中有85份强抗旱的，4份比较抗旱的和1份不抗旱的。

（3）通过对90份玉米自交系及其构建的BC_1F_2高代回交群体的抗旱性分类比较，通过高代回交导入，有34份玉米自交系的抗旱性得到显著提高。

关键词：自交系；BC_1F_2群体；光合参数；产量性状；耐旱性

① 导师：孙继颖副教授、高聚林教授。

论文提交日期：2015年5月。

玉米秸秆低温降解菌剂降解效果的研究

高琳①（2012—2015）

秸秆还田是提高作物秸秆利用效率、提高土壤肥力、改变土壤微环境的有效方式，但由于其自身结构、温度等原因，自然条件下降解速度慢，造成了资源的浪费。本文对已筛选出的降解玉米秸秆的复合菌系的降解效果进行研究，为研究北方低温降解秸秆的生物制剂提供技术支撑。主要研究结果如下。

在10℃条件下，对已保存的35个复合菌系，进行复筛、传代的稳定性、秸秆降解效果的测定，选出3个复合菌系，编号为GF-S72、GF-S18、GF-S77。

选出的三株在液态条件下对其生长特性和降解效果进行测定：在10℃条件下，三株复合菌系的生长曲线在接菌后直接进入对数期；pH在培养初期迅速下降，随后稳定在7.2左右；FPA、C_1、C_X、C_b酶活在添加菌液后均先升高，培养后期下降，GF-S72最高酶活分别为0.82IU、1.41IU、1.33IU、1.25IU，GF-S18最高酶活分别为0.82IU、1.31IU、1.35IU、1.35IU；GF-S77最高酶活分别为0.80IU、1.23IU、1.26IU、1.32IU；GF-S72、GF-S18、GF-S77培养15天降解率分别为25.60%、21.20%、21.41%，显著高于CK；GF-S72、GF-S18、GF-77、CK纤维素残余量分别从培养前的0.45克降解到0.32克、0.32克、0.33克、0.39克；半纤维素残余量分别从0.27克降解到0.17克、0.19克、0.18克、0.20克；木质素残余量分别从0.09克降解到0.06克、0.05克、0.06克、0.08克，其中纤维素、木质素残余量显著高于CK。

探讨其中两组玉米秸秆低温降解复合菌系GF-S72、GF-S18、GF-S77接种于土壤模拟还田秸秆的促腐效果。结果表明：在10℃条件下，施加复合剂GF-S72、GF-S18、GF-S77提高玉米秸秆的降解效果。45天降解率分别为51.50%、37.59%、34.74%，显著高于CK1；45天GF-S72、GF-S18、GF-S77纤维素残余量分别从培养前的2.44克降解到1.12克、1.35克、1.30克，半纤维素残余量分别从1.32克降解到0.72克、0.87克、0.82克，木质素残余量分别从0.42克降解到0.27克、0.31克、0.29克，显著高于CK1。腐殖质碳组成、土壤酶活均高于未添加复合菌系的土壤。因此，复合菌系GF-S72和GF-S18是具有开发潜力的复合菌系。利用PCR-DGGE技术研究土微生物多样性，结果表明，施加秸秆复合菌剂的土壤DNA丰富度和Shannon指数高于CK0（原始土壤）、CK1（不加菌）。通过切胶回收条带、连接转

---

① 导师：高聚林教授。

论文提交日期：2015年5月。

化及测序分析后，主要包括变形菌门（Proteobacteria）、厚壁菌门（Firmicutes）、拟杆菌门（Bacteroidetes）。

关键词：玉米秸秆；低温（10℃）；复合菌剂；PCR-DGGE

高产春玉米土壤-根系-冠层对深松深度的响应变化

张凤杰[①]（2013—2016）

为研究深松深度对春玉米田土壤物理特性、根系分布及冠层特征的调节效应，本试验以郑单958和先玉335为供试品种，设置不同深松深度（CH30、CH40、CH50）3个水平，以常规浅旋15厘米（SR）为对照，共4个处理。通过2014年和2015年两年试验，分析高产春玉米土壤-根系-冠层对不同深松深度的响应变化，明确适宜内蒙古土默川平原灌区高产春玉米的深松深度。研究结果如下。

（1）深松处理能打破犁底层（20～30厘米），与SR相比，CH30、CH40和CH50显著降低0～30厘米土层处的容重0.02～0.10克/立方厘米；但CH30对深层（30～50厘米）土壤容重没有效果；CH40可以显著降低30～40厘米土层的土壤容重，对于40～50厘米土层的容重只有拔节期和吐丝期差异显著；CH50可以显著降低30～50厘米土层的容重且可以将这种差异持续到吐丝期。

（2）深松使土壤含水量显著增加，与SR相比，CH30、CH40、CH50的土壤含水量分别提高了5.5%、6.0%和7.4%。深松处理的水分利用效率较SR分别提高了13.19%、6.32%和6.22%，水分生产效率较SR分别提高了14.15%、6.97%和5.86%，CH50处理在耗水量最低的前提下，保持水分利用效率和水分生产效率最高。土壤储水量的变化趋势能有效地反映不同深松深度对土壤蓄水能力的影响，深松对储水量的影响主要在拔节期以后，本试验条件下深松越深，越能有效地增加土壤蓄水能力。

（3）深松打破犁底层后改变根系分布，使得土壤中根系长度显著大于对照处理，促进根系向下层土壤中生长。与SR相比，深松处理0～80厘米土层的根长分别增加了26.64%、35.96%和47.45%，根表面积分别增加了26.82%、42.92%和62.49%，根干重分别增加了2.07%、8.48%和13.55%，三个处理间表现为CH50＞CH40＞CH30。

（4）深松显著增加根系与地上部的干物质积累，并且对地上部干物质的增加幅度大于对根系干物质的增加幅度，增加冠根比。深松能够保持各生育时期叶面积指数相对较高，增加叶面积持续期、净同化率和相对生长率，且深松越深，维持的时间越长，有效延缓了叶片的衰老。

（5）对土壤进行深松耕作后，与SR相比，玉米产量增加0.7%～8.9%；纯收入增加

① 导师：高聚林教授。

论文提交日期：2016年5月。

1.86%～6.01%。对土壤-根系-冠层指标与产量指标进行相关分析表明，土壤紧实度与产量的相关系数为0.640；根长与产量的相关系数为0.762；干物质和叶面积指数与产量的相关系数分别为0.972和0.952，说明干物质是影响最终产量的主要因素。

关键词：深松深度；春玉米；土壤物理特性；根系形态；冠层特性

深松和灌水次数对春玉米根系环境及生长发育的影响

朱文新①（2013—2016）

针对内蒙古平原灌区土壤耕层浅、结构差以及水资源短缺的问题，本文以先玉 335 为材料，通过研究深松深度对春玉米根系环境及生长发育的影响，综合分析筛选出最合理的深松深度，在该深松深度条件下探究节水高效的灌水模式，为建立内蒙古平原灌区节水高产栽培技术提供理论依据。主要研究结果如下。

（1）深松对 0～40 厘米和 60～100 厘米土层土壤容重有显著降低作用，对 40～60 厘米土层无显著影响；深松可显著降低 15～35 厘米土层的土壤紧实度，而灌水对土壤容重和土壤紧实度均无显著影响；与常规浅旋耕相比，深松能有效提高 40～100 厘米土层土壤含水量，改善春玉米根系水分条件，且以深松 40 厘米为最适深松深度。

（2）深松和灌水次数均可以提高根系长度，以深松 40 厘米＋灌 3 次水模式根系长度增加程度最大。深松和灌水次数可显著增加 30～80 厘米土层根系干重及 0～40 厘米土层根系表面积，分别在灌 2 次水和灌 1 次水达到增加量最大。

（3）深松 40 厘米可显著延缓叶片 SPAD 及 F_v/F_m 值的降低，为春玉米高产提供源保障，增加玉米干物质量，提高籽粒灌浆速率。深松和灌水均能够提高春玉米叶片水分利用效率，且以深松 40 厘米＋灌水 3 次模式提高幅度最大。深松 30 厘米和深松 40 厘米可显著提高春玉米产量。深松 40 厘米条件下，灌 3 水时产量提高幅度最大，以深松 40 厘米＋灌 4 次水模式产量最高。

（4）相同灌水次数下，深松较常规浅旋耕可提高产量 12.4％，甚至深松 40 厘米＋灌 3 次水较常规浅旋耕 15 厘米＋灌 4 次水可提高产量 3.5％，且平均生产单位玉米的节水量为 0.052 立方米/千克，即在少灌 1 次水的情况下深松耕作仍可达到与常规浅旋耕相当的产量，达到节水目的。

关键词： 深松；灌水次数；春玉米；根系环境；生长发育

---

① 导师：高聚林教授。

论文提交日期：2016 年 5 月。

玉米群体改良杂交组合宜机收性评价及其指标的筛选

潘天遵[①]（2013—2016）

玉米已经成为我国第一大粮食作物，随着农村劳动力紧缺及成本上升，大力提升玉米宜机收水平和选育一批适宜机械化收获的玉米杂交组合，对解放农村劳动力和节约成本有着重要意义。本试验选择国内外早熟玉米自交系构建群体改良系与德美亚Ⅰ号亲本进行早代测配试验，在密植条件下，对其株高、穗位高、收获时苞叶含水量等21项指标进行检测，筛选出适合机收杂交组合并对其宜机收指标进行鉴评，为选育宜机收优良杂交组合奠定基础。通过两年三代试验，研究结果如下。

（1）在变异分析和方差分析的基础上，通过主成分分析 F_1、F_2、F_3 世代杂交组合优良性，分别筛选出宜机收优良组合9份、19份和31份。

（2）对 F_1、F_2、F_3 世代主成分载荷矩阵中主要农艺性状变异分析，筛选出穗位高在三代主成分载荷矩阵中变异系数较小且分别在 F_1 世代第二主成分、F_2 世代第二主成分、F_3 世代第三主成分中。

（3）通过灰色关联度分析，确定了影响宜机收指标11个：穗位高、穗高系数、株高、LAI、收获时籽粒含水量、收获时苞叶含水量、穗粒数、茎秆节间折断力、生育期、茎秆节间穿刺强度、苞叶数。

关键词： 早熟玉米；群体改良；宜机收；主成分分析；灰色关联度分析

---

① 导师：高聚林教授。

论文提交日期：2016年5月。

玉米秸秆低温高效降解复合菌系发酵条件优化及其制剂的初步研究

胡海红[①]（2013—2016）

秸秆还田是提高作物秸秆利用效率、提高土壤肥力、改善土壤微环境的有效方法，但由于北方地区秋收后玉米秸秆原位还田因低温而腐熟太慢，对耕整地、播种质量等产生不利影响而不能普及应用，大量秸秆运出农田或焚烧，造成了秸秆资源的浪费和环境污染。因此，本研究选用课题组从自然界锯末中分离出的高效降解玉米秸秆复合菌系对 GF-S3、GF-S72，研究其产酶特性，优化发酵条件及液态发酵条件下对秸秆的降解能力，并制成生物菌剂，应用于大田。为解决北方低温条件下玉米秸秆田间降解难的问题提供理论基础和技术支撑。主要研究结果如下。

（1）对 GF-S3、GF-S72 复合菌系测定生长曲线、pH、纤维素酶活性、秸秆降解率、木质纤维素组成，GF-S3、GF-S72 复合菌系 15 天的玉米秸秆降解率分别为 23.50%、25.50%。纤维素、半纤维素、木质素残余量分别从培养前的 2.60 克、1.38 克；0.42 克、2.56 克；1.37 克、0.42 克降解到 1.27 克、1.17 克；0.70 克、0.65 克；0.24 克、0.23 克。

（2）通过测定纤维素酶活性及玉米秸秆降解率并且进行正交试验，研究了玉米秸秆低温高效降解复合菌系的发酵条件，复合菌系 GF-S72 的最佳摇瓶培养条件为：接种量 2%、初始 pH＝8、培养温度 10℃、培养时间 6 天、装液量 18 毫升、以尿素为氮源、氮源浓度为 0.1%、混合氮源比 2∶1、碳氮比 20∶1。

（3）研究玉米秸秆低温高效降解菌系的制剂配方。结果发现最佳载体为硅藻土，菌液∶载体＝3∶1、菌剂与秸秆配比为 0.05 克/2 克，GF-S72 复合菌剂 pH 为 8.2；含水量为 1.42%；纤维素酶活性为 0.879 单位/毫升；OD 为 0.302；保藏湿度为 10%，保藏温度为 15 ℃，此条件下保藏期目前可达 3 个月。

（4）结合玉米秸秆的降解率及多种酶活性指标，来验证玉米秸秆降解复合菌剂性能。GF-S72 对玉米秸秆的降解率：在室内土培条件下为 15℃＞10℃；在室外土培条件下为 GF-S72＞LK＞CK；在大田试验条件下为 LK＞GF-S72＞CK。GF-S72 处理后的土壤酶活性：在室内土培条件下，14 天时 10℃、15℃的纤维素酶活性分别为 1.14 毫克/克、1.42 毫克/克；28 天时 10℃磷酸酶、脲酶分别为 51.73 毫克/克、3.42 毫克/克；15℃磷酸酶、脲酶分别为 58.23 毫克/克、4.10 毫克/克。在室外土培条件下，14 天时 GF-S72、LK 的

---

① 导师：孙继颖副教授、高聚林教授。

论文提交日期：2016 年 5 月。

纤维素酶活性分别为 1.30 毫克/克、1.20 毫克/克；28 天时 GF-S72 的磷酸酶、脲酶分别为 47.29 毫克/克、3.40 毫克/克，LK 的磷酸酶、脲酶分别为 45.05 毫克/克、3.22 毫克/克。在大田试验条件下，14 天时 GF-S72、LK 的纤维素酶活性分别为 1.28 毫克/克、1.42 毫克/克；28 天时 GF-S72 的磷酸酶、脲酶分别为 51.90 毫克/克、3.49 毫克/克，LK 的磷酸酶、脲酶最高分别为 57.30 毫克/克、3.59 毫克/克。

关键词： 玉米秸秆；低温（10℃）；复合菌剂；酶活性；发酵

玉米密植群体弱势粒库特征及其调控机理研究

梁红伟[①]（2014—2016）

明确弱势粒败育和灌浆受限与其库容量或库活性的关系及其生理基础，并探讨栽培措施对库特征影响的机理，对于探索弱势粒调控途径、实现密植群体产量挖潜具有重要意义。本研究以典型玉米杂交种郑单 958 和先玉 335 为材料，在控制授粉条件下（不完全授粉 IcP、完全授粉 CP），比较成功发育弱势粒（IcP 处理）和发育不良弱势粒（CP 处理）的库容量、库活性及籽粒灌浆的差异，并分析库特征与籽粒内源激素及多胺含量变化的关系；并在氮密互作条件下研究了弱势粒库特征对栽培措施响应的生理机制。主要研究结果如下。

（1）不同控制授粉处理下，玉米弱势粒胚乳细胞增殖过程和最大胚乳细胞数无显著差异；IcP 处理下弱势粒可溶性酸性蔗糖转化酶（SAI）活性显著高于 CP 处理，平均差异和最大差异分别达 12.6%和 21.8%，且实测百粒重、籽粒终极生长量、最大灌浆速率和平均灌浆速率皆表现为 IcP 处理高于 CP 处理，说明弱势粒败育或灌浆停滞主要的制约因子不是库容量，而是库活性。

（2）库容量与籽粒内源激素含量密切相关。在胚乳细胞活跃增殖期，弱势粒中玉米素（Z+ZR）、生长素（IAA）、赤霉素（GA_3）和脱落酸（ABA）含量在两种控制授粉处理间无显著差异，胚乳细胞增殖速率和籽粒灌浆速率与 Z+ZR、IAA 含量极显著正相关，与 GA_3 含量极显著负相关，说明两控制授粉处理下弱势粒内源激素含量无差异是其库容量无显著差异的重要内因。

（3）弱势粒中多胺和乙烯的平衡关系影响其库活性高低，并最终决定弱势粒成功发育与否。弱势粒中 SAI 活性与多胺含量显著正相关，而与乙烯释放速率显著负相关，且多胺含量与乙烯释放速率显著负相关，表明多胺合成抑制了乙烯合成与释放，从而提高了籽粒库活性（SAI 活性）而使光合物质向籽粒成功卸载，实现弱势粒建成与充分灌浆。

（4）氮密互作显著影响 SAI 活性和个体库容，总体表现为低密高氮条件下 SAI 活性较高而败育率较低。氮密互作对弱势粒败育的影响主要与植株吐丝期前后的氮素积累速率有关，且受种植密度的影响较大。

综上所述，库活性是弱势粒败育或灌浆受限的核心限制因子。弱势粒库活性受多胺和

① 导师：高聚林教授、王志刚副教授。

论文提交日期：2016 年 5 月。

乙烯平衡的调控，糖分供应充足时，多胺大量合成抑制乙烯释放，促进 SAI 活性和糖分向籽粒中卸载，使弱势粒成功建成；糖分供应不足时，多胺合成受限而乙烯大量合成，抑制 SAI 活性，还原糖卸载受阻，籽粒败育或灌浆受限。氮密互作调控籽粒库活性而影响个体库容，且主要受密度影响，这与植株吐丝期前后的氮素积累速率有关。

关键词： 玉米；弱势粒；库容量；库活性；激素；多胺

玉米产量和氮肥利用效率与土壤基础生产力的关系

李雅剑[①]（2014—2017）

粮食增产长期刚性需求和当前化肥农药“零增长”的发展背景下，以更少氮肥投入获得更高产量需要挖掘土壤生产潜力。但提升土壤基础生产力（ISP）能否协同提高玉米产量和氮肥利用效率（NUE）尚不明确。定量化解析ISP与玉米产量及NUE的关系及其生态生理机制，探讨影响ISP的主控因子，将为依靠地力提升实现玉米产量与NUE协同提升提供基础性依据。本研究立足于内蒙古自治区从东到西较大跨度下ISP的差异，采用多生态区定位联网试验，通过土壤管理模式（常规管理，CP；地力提升，IISP）×密度（6.0万株/公顷、8.25万株/公顷、10.5万株/公顷）×施氮量（0千克/公顷、220千克/公顷）交互，创造不同氮效率群体，系统分析了土壤基础生产力与产量和NUE的关系及其土壤生态与作物生理过程。主要研究结果如下。

（1）提升土壤基础生产力可实现玉米产量和氮肥效率协同提高。当ISP提升到8.7吨/公顷以上时，可实现产量和PFP_N同步提高；当ISP提升到10吨/公顷以上时，可实现产量与NUE同步提高。高密和低氮群体在较高ISP水平下可获得较高产量，说明提升ISP是增密减氮增产的重要基础。

（2）土壤有机质含量、有效氮含量、土壤氮矿化量、土壤氮表观损失（N losses）与水分利用效率（WUE）是影响ISP和施氮产量主要因素；而NUE主要受土壤氮矿化量、N losses和WUE影响；土壤有机质含量间接影响土壤有效氮水平、氮素矿化能力和水分涵养能力，是影响ISP的核心。IISP模式显著提高土壤氮矿化量（16.0%），显著降低N losses（11.4%），显著提高WUE（12.9%），其较佳的土壤水氮环境是其高产高效的重要基础。

（3）ISP低于10吨/公顷时，土壤供氮能力不足使施氮产量增速低于ISP增速，NUE随ISP明显降低；ISP提高到10吨/公顷以上时，土壤供氮能力不是制约因子后，ISP提升协同优化了源库比和花后营养器官碳氮转运能力，通过提高千粒重和氮肥生理效率（NIE）实现产量和NUE系统提高。施氮量与密度互作对ISP与产量和NUE的关系的显著影响，以及土壤管理模式×施氮量×密度的显著互作效应，说明通过地力提升实现玉米产量和氮效率协同提高需要结合增密减氮等其他措施，发挥其与氮密的综合互作效应。

（4）基于当前的玉米产量水平，若使产量与氮肥生产效率（PFP_N）协同提高15%，

---

① 导师：高聚林教授、王志刚副教授。

论文提交日期：2017年6月。

ISP 需提高到 10 吨/公顷，在此情境下土壤氮矿化量和 WUE 将达 99.1 千克/公顷和 27.2 千克/（公顷·毫米），N losses 则为 117.3 千克/公顷；所需施氮量为 206.1 千克/公顷，较 8.7 吨/公顷的 ISP 水平节氮 46.4%。若使产量与 PFP_N 协同提高 30%，ISP 需提高至 11.6 吨/公顷，此时的土壤氮矿化量和 WUE 将达 119.4 千克/公顷和 32.7 千克/（公顷·毫米），而 N losses 将降低至 96.7 千克/公顷；所需施氮量则降低为 176.1 千克/公顷，将较 8.7 吨/公顷的 ISP 水平节氮 67.4%。

关键词： 土壤基础生产力；玉米；产量；氮肥利用效率

玉米单交种氮肥利用效率及其杂种优势的演进特性研究

余少波[①]（2014—2017）

挖掘作物对氮肥吸收与利用的生物学潜力是提高氮肥利用效率、实现减氮增产的重要途经这一。从时间维度上探讨不同年代玉米单多种氮肥利用效率及杂种优势演进特征，阐明其演进的生理基础，主控因子及限制因素，可为玉米氮肥高效利用的遗传改良和农艺调控提供理论参考。基于此，本研究以 1970—2000 年典型玉米单交种及其亲本为材料，在两个施氮水平下（0 千克/公顷和 150 千克/公顷），系统分析了各年代玉米单交种氮肥利用效率（NUE）及其杂种优势的差异与演进特征，及其与碳氮积累、转运以及与表型性状的关系，并比较了中国和加拿大两种遗传背景下单交种 NUE 及其杂种优势演进特征的差异及生理机制。主要研究结果如下。

（1）1970 年到 2000 年的 40 年间，玉米单交种 NUE 每 10 年提高 3.32 千克/千克，氮肥生理效率（NIE）每 10 年提高 6.81 千克/千克，氮肥吸收效率（NRE）在 1970—1990 年以每 10 年 0.06 千克/千克上升，2000 年较 1990 年下降 29.5%。40 年来，NRE 对 NUE 决定系数显著降低，而 NIE 对 NUE 的决定系数显著提高，当代品种的 NUE 有 47%决定于 NIE，仅有 14%来源于 NRE，单交种 NUE 提高主要源于 NIE 的提高。而自交系 NUE 提高主要源于 NRE 的提高。

（2）40 年来，玉米单交种 NUE 演进主要来源于 NIE 的提高，其主要生理基础是现代品种：①具有更大的花前氮素积累比例和花后干物质积累比例，且花前氮素和干物质积累重心由“茎系统”向“叶系统”转移。②花后茎叶系统，特别是叶系统的氮素转运效率明显提高（叶系统 95.1%、茎系统 43.2%）。③具有较高的出叶速率，使其较早进入最大光合有效期；具有更大的光合氮效率，以较少叶片氮素持有量获得较高光合能力，使其在花后叶片氮素大量外运的情况下，保持了较长的光合生产力能力。④具有较低的籽粒氮浓度。⑤穗粒数和粒重对氮素响应更加“敏感”，支撑了更高的施氮产量增益。

（3）20 世纪 70 年代至 21 世纪初，玉米单交种 NUE 绝对杂种优势（AH_{NUE}）每 10 年提高 2.53 千克/千克，NUE 中亲优势（MPH_{NUE}）每 10 年提高 4.6 个百分点。单交种 MPH_{NUE}演进有 44.8%决定于 MPH_{NIE}，有 38.1%决定于 MPH_{NRE}，即 NUE 杂种优势演进主要源于 NIE 杂种优势。

（4）玉米单交种 NUE 杂种优势及 NIE 杂种优势的主要来源于：①花前氮素积累和花

① 导师：王志刚副教授、高聚林教授。

论文提交日期：2017 年 6 月。

后氮素转运效率的杂种优势（41.4%、49.4%）。②花前其体现为，最大叶面积指数、个体光合生产能力及氮素和干物质积累量具有杂种优势，较早地建立了“源”优势。③花后体现为营养器官氮素再转运量，尤其是叶片氮素转运量的杂种优势，和以较低籽粒氮浓度（−83.8%）为特征的单位氮素籽粒生产效率杂种优势；表型上体现为单交种较低的成熟期比叶重和茎秆比重，这与较强穗粒数杂种优势即籽粒“库”优势拉动密切相关。

（5）随着年代推进，玉米单交种 NUE 杂种优势演进的生理基础是：①单交种花前干物质氮素积累和花后氮素转运杂种优势逐渐提高。②株高、茎粗、吐丝期茎叶比重杂种优势对施氮的响应度提高。③穗粒数和籽粒氮产量的杂种优势提高。

（6）随着年代推进，中国和加拿大玉米单交种及其自交系的 NUE 同步提高，但加拿大单交种 NUE 杂种优势演进不明显。我国玉米单交种及其自交系较高的碳氮积累和产量潜力，使其对氮素的依赖性较加拿大品种更高；但我国玉米单交种在花粒期氮素转运效率上较加拿大单交种仍有差距。

关键词： 玉米；单交种；氮肥利用效率；杂种优势；演进特征；生理基础

美国玉米自交系宜机收特性鉴定及遗传参数分析

刘剑[①]（2014—2017）

以4个国内玉米自交系（郑58、昌7-2和四-144、四-287）为测验种，应用NCⅡ遗传交配设计，对37份美国自交系进行配合力测定及对照优势分析。为筛选出配合力优良的美国玉米自交系，组配性状优良的杂交组合，分析供试美国玉米自交系利用潜力，为其合理利用提供依据。试验结论如下。

（1）供试美国自交系宜机收性状GCA效应值较高的材料有：PHV37、2FACC、LH163、LH220Ht、LH160、BCC03、FBLA、PHJ89，以上材料应用于选育早熟耐密宜机收品种的潜力较大。

（2）供试美国自交系产量GCA效应值较高的材料有：PHW03、LH205、LH196、LH162、PHP76、PHV07、PHW51、BCC03、FBLA、6M502A、NL001、LH181、LH208、LH212Ht、Lp215D、PHK93。以上材料应用于选育高产品种的潜力较大。

（3）从产量SCA效应值、产量TCA效应值和产量对照优势综合对杂交组合进行筛选，LH205×郑58、2FACC×昌7-2、PHV07×昌7-2、PHW51×昌7-2、LH208×昌7-2、LH212Ht×昌7-2、PHJ89×昌7-2、PHJ90×昌7-2、2FACC×四-144、LH196×四-144、BCC03×四-144、FBLA×四-144、PHW03×四287、LH162×四287、LH190×四287、LH202×四287、LH181×四287是本试验筛选出的优势杂交组合，这些杂交组合可进行进一步试验。

（4）生育期、抽丝期、株高、穗位高、收获时籽粒含水量、穗长、穗粗、轴粗、出籽率、穗行数、行粒数和百粒重等性状以加性效应起主要作用；倒伏率、茎腐病发病率和产量是由加性和非加性效应共同作用。生育期、抽丝期、株高、穗位高、穗长、穗粗和轴粗等性状宜在早代进行选择；收获时籽粒含水量、出籽率、穗行数、行粒数、百粒重、倒伏率、茎腐病发病率和产量等性状选育时早代和晚代进行综合选择。

关键词： 美国玉米自交系；宜机收性状；配合力；遗传力；对照优势

---

① 导师：孙继颖副教授、高聚林教授。

论文提交日期：2017年6月。

中美德玉米品种的耐密性对深松耕作措施响应的机制分析

裴宽①（2014—2017）

增加种植密度是提高玉米产量的重要途径之一。玉米品种可以通过调节根冠结构功能来适应增密环境，提高产量。深松可以打破犁底层促进根冠生长，延缓衰老，提高玉米产量。深松可以打破犁底层促进根冠生长，延缓衰老，提高玉米产量。但不同品种对密度和深松的响应存在差异。因此，本研究将深松和增密相结合，进行我国玉米与国外品种的耐密性对深松响应的差异分析，探索深松对玉米耐密性调控机制，为内蒙古平原灌区玉米生产中采取深松再增密措施实现增产增效提供理论依据。本试验采取耕作方式×种植密度×品种三因素裂区试验，在深松 40 厘米和旋耕 15 厘米两种耕作条件下，在 9.0 万株/公顷和 10.5 万株/公顷两个种植密度下，对中系郑单 958 和登海 618、美系先玉 335 和华美 1 号、德系 KX3564 和 KWS2564 共 6 个不同血缘玉米品种的地上与地下部形态、生理及产量构成指标进行了对比分析，结果如下。

（1）中美德不同品种间土壤容重（0～40 厘米）、土壤紧实度（0～60 厘米）、土壤含水量（0～80 厘米）、土壤储水量（0～80 厘米）对深松耕作的响应无显著差异。

（2）深松耕作显著降低了高低密度间土壤含水量（0～80 厘米）、土壤储水量（0～80 厘米）的差值，缓解了郑单 958、登海 618、华美 1 号、先玉 335、KWS2564、KX3564 在增密后在该土壤的土壤含水量和土壤储水量的下降幅度，为品种发挥耐密潜力提供了良好的土壤条件。

（3）深松耕作通过降低了华美 1 号、先玉 335、KWS2564、KX3564 高低密度间的根干重、根长、根表面积、根体积的差值，而缓解了增密给美系、德系品种带来的根系形态变化。而对中系郑单 958、登海 618 无显著影响。

（4）中美德不同品种的株高、穗位高、茎粗在深松耕作与浅旋间无显著差异，而穗位叶叶倾角对深松耕作的响应表现为登海 618、先玉 335 的穗位叶叶倾角显著性下降，郑单 958、华美 1 号、KWS2564、KX3564 的穗位叶叶倾角对深松耕作无显著影响。

（5）深松明显缓解了华美 1 号、KX3564、KWS2564、先玉 335 在增密后净光合速率、LAI、SPAD 下降幅度，而对中系郑单 958 净光合速率、SPAD 和登海 618 SPAD 作用不明显。

（6）深松耕作较浅旋降低了郑单 958、登海 618、华美 1 号、先玉 335、KWS2564、

① 导师：高聚林教授、于晓芳副教授。

论文提交日期：2017 年 6 月。

KX3564 高低密度间根冠比的差值，分别降低了 1.99%、2.42%、2.85%、2.17%、2.39%、2.01%，不同品种间对深松耕作的响应表现为华美 1 号＞登海 618＞KWS2564＞先玉 335＞KX3564＞郑单 958。

（7）中美德不同品种耐密系数对深松耕作的响应表现显著差异，深松耕作提高了郑单 958、登海 618、华美 1 号、先玉 335、KWS2564、KX3564 的耐密系数，分别提高 10.61%、21.39%、35.41%、69.19%、54.40%、62.83%，不同品种间耐密系数对深松耕作响应的表现为先玉 335＞KX3564＞KWS2564＞华美 1 号＞登海 618＞郑单 958。

（8）深松耕作显著提高华美 1 号、KX3564、先玉 335、KWS2564 的高低密度间产量差，分别增加 805.64 千克/公顷、787.52 千克/公顷、894.21 千克/公顷、859.86 千克/公顷，而郑单 958、登海 618 的高低密度间产量差分别增加 542.51 千克/公顷、433.14 千克/公顷。

关键词：品种；深松耕作；增加种植密度；耐密适应性

氮密互作对玉米产量及氮肥利用效率的影响

苏布达[①]（2014—2017）

氮肥利用效率是单位施氮量下作物增产的籽粒产量。生产上，施氮量、种植密度等主要栽培措施的互作效应，往往使氮肥利用效率难以估计和评价。定量化分析施氮量和密度互作下玉米对氮素吸收利用及产量形成的生理过程，对指导玉米高产氮高效栽培具有重要参考价值。基于此，本研究以郑单958为材料，在3个种植密度（4.5万株/公顷、7.5万株/公顷和10.5万株/公顷）和3个施氮量（0千克/公顷、150千克/公顷和300千克/公顷）交互下，研究分析了玉米产量形成和氮肥吸收利用过程的响应，旨在揭示施氮量、密度及其互作对氮肥利用效率和产量的影响机理。结果如下。

（1）施氮量和密度互作通过影响干物质积累量、产量和氮积累量影响氮肥利用效率。过量施氮虽然具有较高的碳氮积累总量，但其较低的粒重和收获指数限制了其产量提高；中等施氮（150N）和高密（PD10.5）条件下，产量和NUE最高，说明减氮增密是协同提高玉米产量和NUE的重要途径。

（2）施氮和增密的氮素积累优势主要受窗口期（V14-R3）干物质积累的驱动，且这种关系在花前V14前后就已经建立。窗口期干物质积累速率与氮素积累速率显著正相关，施氮和增密明显促进氮素积累对干物质积累的响应强度。

（3）施氮和增密下玉米以花前较低氮浓度获得较高氮积累量，也说明其花前氮积累是以花前大量茎叶干物质积累为前提，这与其较大的光合源有关；花后其氮积累则主要取决于雌穗干物质积累。

（4）氮密互作对NHI无显著影响，而适宜施氮和增密显著提高HI，说明减氮增密获得较高NUE，与籽粒中氮素分配多少无关，主要取决于籽粒中干物质分配的多少。

综上所述，减氮增密较早建立光合源优势，促进了窗口期作物生长率和花后物质持续生产，进而驱动充足的氮素积累和干物质分配，实现产量与NUE的协同提高。

关键词：施氮量；密度；玉米；产量；氮肥利用效率

---

① 蒙古国留学生。导师：高聚林教授、王志刚副教授。

论文提交日期：2017年6月。

不同年代玉米杂交种耐密性及其对深松增密的响应机制研究

王玥[①]（2015—2017）

选用耐密品种是提高玉米单产水平的有效途径之一。深松有利于改善土壤结构，促进根系下扎，提高作物对水分和养分的吸收和利用，延缓玉米植株衰老，增加产量。因此，为探索我国玉米品种更替过程对种植密度增加的适应性变化，进而探索玉米品种增密增产的机理，本研究选用不同年代玉米品种为试验材料，在深松及不同种植密度条件下，分析各品种的耐密性差异，揭示不同年代玉米杂交种耐密性的演变特点及差异性生理机制。同时，采取深松增密措施，研究不同年代玉米品种耐密性对深松的响应差异，进一步阐明耐密高产玉米品种对深松增密响应的生理机制。试验结果如下。

（1）不同年代的玉米品种，随着年代的推进，增加种植密度以及深松后穗位叶叶夹角变小，叶向值升高，单株叶面积减少，从而使增密后的群体 LAI 增大。且不同年代玉米品种对深松增密反应有差异，近年代品种具有更好的耐密性。

（2）不同年代的玉米品种，随着年代的推进，不同层位叶片 SPAD 和叶片光合速率均表现为穗位叶＞上位叶＞下位叶。深松增密后，近年代的玉米品种有效延缓了增密后下位叶和穗位叶的衰老，提高了光合速率，有利于获得高产。

（3）随着年代的推进，不同年代的玉米品种，玉米单株根系干重、根长、根表面积以及根系平均直径均呈现先上升后降低的单峰曲线变化趋势，随着年代的推进，深层土壤（20～50 厘米）根系所占的比例明显增加，有利于在玉米根系总量减少的情况下使水分和养分得到充分的吸收和利用。

（4）近代玉米品种在深松增密后根系构型优于之前的玉米品种，近年代玉米品种根系更细，对由于密度增加造成的根系干重、根长、根表面积降低的抗性增强，降幅低于其他年代玉米品种，同时深层土壤中根系干重、根长、根表面积所占比例增幅高于其他年代玉米品种。

（5）不同年代的玉米品种，随着年代的推进，玉米单产呈升高的趋势，且表现为深松处理大于浅旋处理，高密度处理高于低密度处理，而在深松增密下，近年代的玉米品种由于具有更好的群体优势更易获得高产。因而，近代品种采用深松增密措施更易实现高产高效栽培。

关键词： 不同年代；玉米；深松；增密；根冠特性；产量

① 导师：高聚林教授、于晓芳副教授。

论文提交日期：2017 年 6 月。

早熟玉米高代系宜机收特性研究

赵宽厚[①]（2015—2018）

以4份玉米自交系（D1、M1、P6-47-2、G303）为测验种，采用NCⅡ不完全双列杂交组配设计，测定23份玉米S5高代系的产量性状、茎秆力学特性、果穗水分性状等指标，筛选配合力优良的宜机收玉米高代系，组配高产抗倒脱水快的宜机收组合。综合评价23份高代系的宜机收特性，为其合理利用奠定基础。本试验研究结果如下。

（1）影响玉米高代系产量的指标：百粒重、穗粒数、粒长、穗位系数、株高。

（2）茎秆节间穿刺强度是衡量玉米高代系抗倒伏的关键指标。

（3）影响玉米高代系成熟后籽粒脱水速率的指标：成熟时苞叶含水率、成熟时穗轴含水率、粒长、百粒重、穗位高、穗位系数。

（4）产量GCA效应值正向显著的有S5-58、S5-18等11份高代系；茎秆节间穿刺强度GCA效应值正向显著的有S5-18、S5-33等6份高代系；成熟后籽粒脱水速率GCA效应值正向显著的有S5-33、S5-58等12份高代系。

（5）产量、茎秆节间穿刺强度和成熟后籽粒脱水速率GCA效应值皆为正向显著的高代系有：S5-18、S5-33、S5-58。

（6）产量TCA、茎秆节间穿刺强度TCA和成熟后籽粒脱水速率TCA效应值皆为正向的组合有：S5-39×G303、S5-22×D1、S5-9×M1、S5-4×G303、S5-31×G303、S5-18×M1、S5-27×M1、S5-1×G303、S5-61×P6-47-2、S5-73×M1、S5-72×P6-47-2，这些组合综合性状优良，可以作为筛选宜机收玉米品种的重点组合加以鉴定。

关键词： 玉米；宜机收特性；穿刺强度；籽粒脱水速率；配合力

① 导师：高聚林教授。

论文提交日期：2018年6月。

秸秆还田和耕作方式对河套灌区合理耕层构建及其玉米产量的影响

赵晓宇[①]（2015—2018）

河套灌区是我区粮食主产区之一，不配套的耕作方式制约了当地玉米生产发展，探索区域合理耕层构建理论与技术有重要意义。2015 年在内蒙古河套灌区进行实地调查研究，每个调查点分别取样测试低肥力水平（LY，玉米产量低于 7 500 千克/公顷）、中肥力水平（MY，玉米产量在 7 500～12 000 千克/公顷）与高肥力水平（HY，玉米产量高于 12 000千克/公顷）3 种肥力水平下深松（S）、翻耕（P）、浅旋（RT）3 种耕作方式的土壤理化特性和玉米产量等指标。2016、2017 年于河套灌区进行定点试验，设置浅旋（RT）、翻耕（P）、深松（S）、翻耕＋秸秆还田（PR）、翻耕＋深松（SP）、深松＋翻耕＋秸秆还田（SPR）6 个试验处理，分析耕作方式和秸秆还田与冠层结构、土壤特性以及玉米产量的关系。结果如下。

（1）深松和翻耕在低、中、高肥力条件下较浅旋处理土壤含水量分别提高 7.25%～29.67%、5.52%～20.59%，土壤容重降低 5.23%～8.61%、0.69%～4.91%，土壤 R 值降低 12.29%～89.99%、7.30%～57.77%，土壤全氮含量提高 17.88%～55.60%、9.81%～22.25%土壤速效磷含量提高 21.23%～41.26%、10.84%～22.04%，土壤速效钾含量提高 36.85%～71.99%、6.01%～50.99%，土壤有机质含量提高 28.85%～54.14%、14.63%～36.38%。

（2）深松在低、中、高肥力条件增长率分别达到 47.97%、40.74%、16.27%，深翻分别达到 32.79%、23.46%、8.03%。翻耕和深松较浅旋在不同肥力（低、中、高）下玉米的增产潜力分别为 22.75%、16.96%、16.55%和 29.56%、25.37%、16.13%。

（3）花前干物质积累量与成熟期干物质积累量，均为 SPR 效果最佳，较其他处理增加了 4.57%～33.94%，SP、PR、S、P 均显著高于 RT，整体趋势为 SPR＞SP＞PR＞S＞P＞RT。花后干物质积累 SPR 处理达到最大 243.78 克。耕作方式对叶面积的作用效果为 SPR 效果最佳，较其他处理显著提高 4.01%～55.80%，SP、PR、S、P 处理均显著高于 RT。叶面积持续期在 R1～R3 时达到最大值，净同化率均在 V6～V12 达到最大值。

（4）SPR 处理较其他处理显著优化了 0～50 厘米土层的土壤结构，显著提高了土壤含水量 4.12%～41.92%，增加土壤储水量 8.80%～25.65%，土壤容重降低 1.35%～12.37%，土壤三相比 R 值降低了 5.67%～54.26%，土壤碱解氮增加 4.10%～54.63%，

① 导师：高聚林教授、于晓芳副教授。

论文提交日期：2018 年 6 月。

土壤速效磷增加 4.98％～62.23％，土壤速效钾增加 5.56％～53.58％，土壤有机质增加 6.81％～62.84％。SP、PR、S、P 于 20～35 厘米土层较 RT 增幅显著，其中 SP 与 PR 差异较小，S 作用效果好于 P。

（5）SPR 显著提高了 WUE、WPE、NRE，NUE 与 NHI 中 SPR、SP、PR、S、P 间差异不显著，均显著高于 RT。

（6）玉米产量及其构成因素对耕作方式的响应为，SPR＞SP＞PR＞S＞P＞RT，SPR 较其他处理玉米产量提高了 2.74％～26.27％，增加经济效益 0.36 万元/公顷。

关键词： 耕作方式；秸秆还田；耕层结构；土壤特性；玉米产量

增密减氮对不同耐密性春玉米品种产量及氮肥利用效率的影响

张鹤宇[①]（2015—2018）

合理的氮密运筹是提高玉米产量和氮肥利用效率的有效途径，而不同耐密性春玉米品种对增密、减氮的响应存在差异。本试验采取密度×施肥量×品种三因素裂区试验，在6.0万株/公顷（PD6.0）、8.25万株/公顷（PD8.25）和10.5万株/公顷（PD10.5）种植密度条件下，在追施氮（纯N）0千克/公顷（N0）、150千克/公顷（N1）和300千克/公顷（N2）条件下，对强耐密品种华美1号、郑单958，弱耐密品种科河8号、农大108的生理特性进行对比分析，结果如下。

（1）增密减氮显著影响不同耐密性春玉米品种的产量，华美1号在PD10.5、N2条件下产量达到最大，为15.97吨/公顷；其他各品种均在PD8.25、N2条件下产量达最大，其中郑单958为16.51吨/公顷，农大108为13.75吨/公顷，科河8号为14.89吨/公顷。增加种植密度后，弱耐密品种减产更为严重；在相同施氮量条件下，强耐密品种能获得较高产量。高密条件下，施氮量对各品种千粒重变化无显著影响，对穗粒数影响较大。

（2）增加密度有利于强耐密品种群体干物质积累和氮素积累，弱耐密品种群体干物质积累随密度呈先增后降趋势，高密条件下其单株干物质减少量大于群体增加量，过量施氮影响茎叶干物质向籽粒转运，甚至引起干物质积累量的降低；强耐密品种表现出更高效的氮素转运和对籽粒的贡献率。

（3）弱耐密品种在中低密条件下光合能力较强，与弱耐密品种相比，增密对强耐密品种光合能力影响较小，且在高密条件下过量施氮并不能显著提高强耐密品种光合能力，而在适量减氮条件下则可以实现在生育后期保持相对高的光合性能，更有利于干物质同化，为高产提供保障。

（4）减施氮肥可以显著提高各品种氮肥利用效率（NUE），弱耐密品种在增密后NUE显著降低。PD10.5、N1条件下，华美1号NUE为14.87千克/千克，郑单958为11.32千克/千克，科河8号为9.86千克/千克，农大108为7.28千克/千克；同时强耐密品种氮肥偏生产力（PFP_N）在高密、低氮条件下仍保持在100千克/千克左右，弱耐密品种则维持在80千克/千克左右。因此，密植条件下，选用耐密品种可以实现产量和NUE的协同提高。

关键词： 春玉米；耐密性；增密减氮；产量；氮肥利用效率

---

① 导师：高聚林教授。

论文提交日期：2018年6月。

玉米选系遗传增益对种植密度的选择响应

张丰屹①（2015—2018）

高密度循环育种策略在我国逐步受到重视，成为创制玉米育种新材料的重要技术选择，但尚未有试验数据揭示育种材料性状对不同种植密度的选择响应。本试验分别选用SS和NSS类群的中国和美国玉米自交系杂交组配选系群体（SS群：郑58×LH196；NSS群：昌7-2×MBUB）在4 000株/亩、6 000株/亩、8 000株/亩、10 000株/亩、12 000株/亩5个密度下，通过混合选择方法，获得每个选系群体的C1、C2、C3和C4世代。采用不完全区组试验设计，两个环境评价不同世代选系群体的生育期、抗性、株型、产量、光合等性状及遗传增益表现，探索玉米选系农艺性状遗传增益对种植密度的响应规律，为高密度循环育种提供理论依据。主要研究结果如下。

（1）联合方差分析表明，除倒伏率、倒折率外，抽丝期、散粉期、株高、穗位、雄穗分支数、穗夹角、叶向值、产量、穗行数、行粒数、百粒重、穗粗、穗长、秃尖长、粒深、容重、叶绿素含量等性状在世代群体间差异达到极显著水平。

（2）在4 000～8 000株/亩低密度条件下，随种植密度的增加，SS选系群体产量逐渐增加，生育期先缩短后延长，株型逐渐变差，叶绿素含量先降低后升高；NSS选系群体产量逐渐降低，生育期先延长后缩短，株型先变差、后变好，叶绿素含量逐渐降低。

（3）在8 000～12 000株/亩高密度条件下，随种植密度的增加，SS选系群体产量逐渐降低，生育期先延长后缩短，株型逐渐变好，叶绿素含量先降低后增加；NSS选系群体产量先增加后降低，生育期逐渐延长，株型逐渐变好，叶绿素含量先增加后降低。

（4）随种植密度变化，选系群体产量与生育期呈负相关，与株高穗位呈显著正相关。因此，在提高密度压力筛选单株的过程中，可注重选择生育期较早的优良单株，但对群体株高穗位选择标准应适当降低。

（5）连续改良4代后，两类选系群体，产量平均遗传增益随种植密度的增加呈先降低后增加的趋势，其中SS选系群体在4 000株/亩最高，在8 000株/亩最低，NSS选系群体在12 000株/亩最高，在10 000株/亩最低；株型性状平均遗传增益变化与产量完全相反；生育期平均遗传增益逐渐降低；叶绿素含量平均遗传增益两类群表现为相反趋势，SS选系群体表现为逐渐升高，NSS选系群体表现为逐渐降低。

（6）单独分析每一世代遗传增益，两类选系群体C1～C3世代，产量、生育期遗传增

① 导师：高聚林教授。

论文提交日期：2018年6月。

益在 8 000～12 000 株/亩高密度下较高；C4 世代，两类选系群体产量、生育期在 4 000 株/亩、6 000 株/亩低密度下较高，高密度下遗传增益多为负向增益。

（7）综合评价两类选系群体各世代性状及遗传增益表现，发现选系群体对种植密度的响应受遗传背景及世代共同影响，SS 选系群体 C1～C3 世代最适种植密度为8 000～12 000株/亩，且随着改良的进行，种植密度应适当增加，NSS 选系群体 C1～C3 世代最适种植密度为 8 000～10 000 株/亩，两类选系群体 C4 世代最适种植密度均为 4 000 株/亩。

关键词： 玉米；密度；种质类群；选系群体

玉米秸秆降解复合菌系培养条件优化及应用效果研究

胡万吉[①]（2015—2018）

秸秆还田作为秸秆资源化利用的主要方式，在增加土壤养分、改善土壤质量的同时，也带来秸秆还田后出苗率低、病虫危害等诸多问题，尤其在北方春玉米区，低温、干旱因素等限制还田秸秆的有效腐解，严重影响第二年耕作、播种及出苗。还田秸秆降解实际上是微生物酶解的过程，构建秸秆高效降解微生物菌群是有效促进腐解，提高秸秆生物资源利用率的有效途径之一，本试验在玉米秸秆低温高效降解复合菌系GF-20获得较好的秸秆降解效果和低温稳定性的基础上，继代培养复合菌系GF-20并优化其培养条件并应用于大田，为玉米秸秆生物腐解提供理论依据及技术支撑。其主要研究结果如下。

1. 复合菌系GF-20氮源驯化　将复合菌系GF-20继代于不同硫酸铵和尿素比例培养条件下，获得不同氮源比例复合菌系T，其中尤以复合T2菌系（硫酸铵＋尿素＝0.16%＋0.04%）滤纸崩溃效果最佳，纤维素酶活性和玉米秸秆降解率显著高于其他处理，滤纸酶活性在8.83～4.62国际单位/毫升，内切酶活性在14.61～4.63国际单位/毫升范围内，培养15天、30天玉米秸秆降解率分别为22.64%和37.58%。

2. 复合菌系GF-20培养条件优化　通过正交试验，检测葡萄糖、氮素、碳酸钙、磷酸氢二钾四种因子的不同水平对驯化后复合菌系GF-20滤纸纤维素酶活的影响，通过直观分析、方差分析，结果表明：影响纤维素酶活性因子主次为氮源、碳源、碳酸钙、磷酸氢二钾，葡萄糖浓度为0.5%、氮素浓度为0.20%、碳酸钙浓度为0.20%、磷酸氢二钾浓度为0.05%时，纤维素酶活性最高。

3. 复合菌剂GF-20的应用效果　通过室内盆栽与大田试验条件研究复合菌GF-20应用效果，室内盆栽试验结果表明，施用复合菌剂GF-20处理显著增加了玉米植株苗期根表面积、根干重、根体积、根长及玉米秸秆降解率，分别增加4.97平方厘米、0.021克、0.192立方厘米、72.66厘米和7.63%；大田试验结果表明，施用了秸秆降解菌剂处理较对照土壤养分含量均有不同程度的提高，不同时期土壤养分呈先增长后下降趋势，各处理均以施用秸秆降解复合菌GF-20土壤养分最高，30天土壤碱解氮、土壤速效钾、土壤速效磷、土壤有机质较未施用菌剂秸秆还田分别增加

① 导师：孙继颖副教授、高聚林教授。

论文提交日期：2018年6月。

22.05毫克/千克、85.54毫克/千克、7.75毫克/千克和8.44克/千克，且差异均达到显著水平。

关键词： 玉米秸秆；低温降解；复合菌系；氮源；应用

不同春玉米品种氮效率差异及其对深松减氮的响应机制

张莹[①]（2016—2018）

过量施用氮肥造成的资源浪费和环境污染问题日益严重，氮肥合理使用成为研究的热点。由于玉米主产区多年耕作方式不合理，导致耕层变浅，犁底层紧实，容重增加，使土壤蓄水保肥能力差，根系下扎阻力增加，影响玉米对深层养分的吸收利用，降低了氮肥利用效率，进而限制了玉米产量的提高。本试验以前期筛选的四类不同氮效率品种为试验材料，在深松 40 厘米和旋耕 15 厘米条件下，配施 300 千克/公顷、150 千克/公顷和 0 千克/公顷 3 个施氮量。以土壤-根系结构-冠层生理-产量为主线，系统研究了不同春玉米品种的氮效率差异及其对深松减氮响应的机制。研究结果为内蒙古平原灌区利用适宜的氮效率品种、采取深松减氮措施、实现春玉米丰产增效提供理论依据。研究结果如下。

（1）对 30 个玉米品种的聚类分析表明：吸收效率高利用效率高的品种（双高型）为内单 314、华美 1 号、陇单 339、先玉 335；吸收效率高利用效率低的品种（高低型）为四单 19、京科 528、浚单 20、迪卡 516、陇单 8 号、郑单 958、金山 28、陇单 609；吸收效率低利用效率高（低高型）的品种为 KX3564、登海 618、瑞普 908、优迪 919、科河 8、金创 6 号、京单 26；吸收效率低利用效率低的品种（双低型）为赤单 218、大民 3307、宁玉 524、丰田 6 号、登海 605、农华 101、陕单 636、先农 202、金山 27、峰单 189、农化 106。

（2）不同氮效率类型品种氮效率差异的主要在于根干重、根长、根表面积、地上部 SPAD、吐丝期叶面积、吐丝期干物质积累量、花后干物质转运量、籽粒干物质积累量、对籽粒的贡献率、氮素积累量、花后氮素转运量、籽粒氮素积累量及其对籽粒的贡献率、GS 活性、产量及产量构成因素等指均标表现为双高品种＞高低品种＞低高品种＞双低品种；而吐丝后的叶面积降低幅度则表现为双高品种＜高低品种＜低高品种＜双低品种；吐丝后 20 天和 30 天的 GS 活性的下降幅度双高品种和低高品种显著小于高低品种和双低品种；氮素吸收效率表现为高低品种＞双高品种＞双低品种＞低高品种，氮素利用效率均表现为低高品种＞双高品种＞双低品种＞高低品种。

（3）深松打破犁地层显著降低了土壤容重和紧实度，提高了土壤蓄水保墒能力，使不同氮效率品种的根干重、根长和根表面增加；提高了吐丝期叶面积和叶片 SPAD，减小了吐丝期到成熟期的叶面积、SPAD 的降低幅度，延缓了叶片衰老；提高了吐丝期干物质积

① 导师：于晓芳副教授、高聚林教授。

论文提交日期：2018 年 6 月。

累、吐丝后转运量、成熟期籽粒积累量、对籽粒贡献率，以及吐丝期氮素积累、吐丝后转运量、成熟期氮素积累量、成熟期籽粒积累量、对籽粒贡献率；提高了吐丝期 GS 活性，减小了吐丝期后的 GS 活性降低幅度，使氮素吸收效率和氮素效率显著提高。

（4）深松缓解了减氮对根系生物量的影响，使双高品种、高低品种、低高品种和双低品种高低氮间的根系干重分别减小 3.34 克、1.68 克、0.58 克、0.52 克，单株根长分别减小了 19.17 米、18.53 米、5.06 米、3.49 米，根表面积分别减小了 374.95 平方厘米、357.7 平方厘米、225.74 平方厘米、158.31 平方厘米；使地上部叶面积高低氮差值分别降低了 69.23％、70.01％、33.33％、25.12％，SPAD 差值分别降低了 45.51％、65.21％、32.89％、36.71％。对双高品种、高低品种促进作用大于低高品种、双低品种。

（5）深松使双高品种、高低品种、低高品种和双低品种减氮后的吐丝期干物质积累量、成熟期籽粒积累量降低幅度分别减小了 43.61％、48.13％、24.13％、13.61％和 67.22％、51.83％、50.34％、1.44％，而干物质转运量提高幅度分别增加了 31.07％、32.51％、25.22％、11.95％；吐丝期氮素积累量、成熟期氮素积累量、氮素转运量和籽粒氮素积累量降低幅度减小 33.33％、34.12％、7.87％、8.75％，9.39％、15.87％、1.34％、1.24％，25.54％、16.07％、4.76％、9.16％和 18.46％、16.66％、7.92％、7.89％；GS 活性的降低幅度减小 70.91％、33.47％、12.01％、7.11％。对双高品种、高低品种促进作用大于低高、双低品种。

（6）深松使双高品种、高低品种、低高品种和双低品种减氮后氮素吸收效率和氮素利用效率的增加幅度分别提高 0.04 千克/千克、0.08 千克/千克、0.02 千克/千克、0.02 千克/千克和 0.09 千克/千克、0.20 千克/千克、1.77 千克/千克、0.21 千克/千克，氮效率提高了 16.43％、19.75％、27.18％、11.34％。

（7）深松使双高品种、高低品种、低高品种和双低品种减氮后而产量降低的幅度分别减小了 51.27％、42.55％、33.52％、3.41％。品种间效果表现为双高＞高低品＞低高＞双低品种。主要原因在于深松显著降低了减氮后的双高和高低品种的穗粒数的下降，以及双高品种的千粒重的下降。根据产量、氮效率综合建议在深松施氮量 150 千克/公顷条件下若保持产量 800 千克/亩以上应选用双高品种，才能达到高产高效的最佳效果。

关键词： 春玉米；氮吸收效率；氮利用效率；深松；减氮；根系冠层特性；产量

内蒙古平原灌区春玉米耐密性对深松调控响应机制研究

孙洪利[①]（2016—2018）

深松可以改善土壤环境，调节根系空间结构分布，缓解密植引起的根系横向“拥挤效应”，进而调控了高密度下植株的正常生长并增加产量。为了探究内蒙古平原灌区玉米增密增产及其深松调控响应机制，本研究在内蒙古河套平原、土默川平原、西辽河平原三大平原灌区，以2个不同耐密性品种为试验材料，采用常规浅旋15厘米与深松35厘米两种耕作方式，设置5个种植密度（4.5万株/公顷、6.0万株/公顷、7.5万株/公顷、9.0万株/公顷、10.5万株/公顷），从根系结构特征、冠层形态及光合生理特性、产量及产量构成等角度，系统分析在浅旋和深松两种耕作方式下随种植密度增加不同耐密性品种各指标的变化规律，及其相互关系，以及在区域间的异同，进而揭示不同耐密性玉米品种的耐密性及其深松调控响应的差异机制。为内蒙古平原灌区选用耐密性强的玉米品种，采取深松措施，实现增密增产提供理论依据。主要研究结果如下。

（1）不同耐密性玉米品种耐密性差异机制。种植密度增加后，玉米根系竞争加剧，地上部植株形态特征发生显著变化。吐丝后叶片SPAD和LAI开始下降，种植密度越高，下降速度越快，耐密性强的品种相比耐密性弱的品种下降速度相对更缓慢。增密后产量显著增加，但达到一定密度后开始减小，耐密性强的品种最高产量时的密度（8.28万～9.62万株/公顷）显著高于耐密性弱的品种（8.16万～8.89万株/公顷）。

（2）不同耐密性玉米品种耐密性的深松调控机制。深松能有效改善土壤环境，促进根系生长，保证地上部植株生长发育。吐丝至乳熟期间，耐密性强的品种叶片SPAD值降低幅度由6.8～10.1变为6.3～8.9，耐密性弱的品种叶片SPAD值降低幅度由7.6～10.9变为7.1～10.1；耐密性强的品种LAI降低幅度由0.36～1.19变为0.30～0.98，耐密性弱的品种LAI降低幅度由0.45～1.32变为0.43～1.23。深松有效地延缓了植株后期的衰老，且对耐密性强的品种效果更好。线性拟合结果表明耐密性强的品种通过深松调控能够增密0.79万株/公顷，增产1.37吨/公顷；耐密性弱的品种通过深松调控能够增密0.60万株/公顷，增产1.06吨/公顷。

（3）不同耐密性品种深松增密增产效果的区域间差异机制。玉米地上部植株形态特征、根系特征、冠层生理特性和产量及其构成对深松的响应在不同生态区间均差异

---

① 导师：于晓芳副教授、高聚林教授。

论文提交日期：2018年6月。

显著。深松调控响应的差异主要由花后日温差<10℃天数、花后日照时数<8小时天数、花后日均温度和土壤中速效磷含量决定。耐密性强的品种的深松调控效果在区域间更稳定。

关键词： 玉米；根系结构；植株形态；冠层生理；耐密性；深松；生态区

高产春玉米品种耐密性对深松再增密响应的生理机制

张琦[①]（2016—2018）

增加种植密度是玉米产量提高的途径之一。但随着密度的增加，根-冠个体间竞争加剧，根-冠结构变差严重制约了产量的进一步提升。大量研究表明，通过深松耕作来改善耕层土壤结构，以期达到增密增产的效果，是我国玉米生产中寻求产量突破的关键措施之一。针对高产春玉米品种在增密条件下出现早衰倒伏严重、玉米增产增密潜力难以发挥的瓶颈问题，探索影响增密度所带来负面因子，为本试验设计的出发点，本研究采用深松和传统浅旋耕措施，在不同种植密度梯度下，通过对不同耐密类型高产春玉米品种根系特征-冠层生理特性-产量与产量构成因素对种植密度变化及深松措施的响应特征分析，阐明高产春玉米品种耐密性对深松再增密响应的生理机制。主要研究结果如下。

（1）随着种植密度的增加，不同耐密性高产春玉米品种地下部各土层根系干重、根系长度、根系表面积均减低；地上部群体内各层的透光率、花后单株干物质积累量、转运量、对籽粒贡献率和穗粒数、千粒重等均显著降低。耐密性强的品种最大降低幅度出现的种植密度均高于耐密性弱的品种，且相邻密度间的下降幅度小于弱耐密性品种。

（2）深松显著降低了各生育时期的0～50厘米土层处的土壤容重；增加了0～60厘米各土层的土壤含水量，在各生育时期，深松耕作土壤中的含水量分别平均增加55.44％、18.68％、9.32％。

（3）深松减弱了上层根系拥挤效应，增强了根系的下扎能力。深松后各品种0～20厘米土层的根干重、根长及根表面积分配比例减小，但20～80厘米土层的根系分配比例增加；深松提高了各品种相应密度条件下不同生育时期的穗位层透光率和底层透光率，缓解了增密后不同耐密品种穗位层和底层透光率相邻密度间的下降幅度，且透光率出现下降幅度最大时种植密度相较于浅旋增加了1.5万株/公顷，同时，缓解了随着生育进程的推进不同耐密品种群体LAI衰减幅度，缓解了不同耐密性品种花后单株干物质积累量、转运量及对籽粒贡献率下降幅度，并使下降幅度最大的种植密度增加。

（4）深松均能提高不同耐密性品种尤其是强耐密性品种的增密增产潜力，较于浅旋耕

---

① 导师：胡树平副教授、于晓芳副教授。

论文提交日期：2018年6月。

作，JK968、XD20、DH618、LM33 最佳种植密度分别增加了 1.16 万株/公顷、1.37 万株/公顷、1.14 万株/公顷、1.31 万株/公顷，增产 10.17%、9.83%、15.38%、13.25%。

关键词： 春玉米；耐密性；耕作方式；密植群体；根-冠协调；产量

玉米回交导入系耐旱性评价及其指标的鉴选

刘亚楠[①]（2016—2018）

干旱缺水已经成为制约我国玉米生产的首要限制因素。玉米是旱田作物中需水量大，且对水分胁迫敏感的农作物之一，干旱对玉米产量的影响十分严重。因此，选育高产耐旱玉米品种是抵御干旱逆境胁迫最为经济有效的途径之一，而选育耐旱玉米品种的前提是找到对其有效且重要的耐旱性鉴定指标。本试验以不同年份的各 33 份 BC_1F_4 和 BC_1F_5 两个回交世代以及同一年份的 4 份骨干自交系为轮回亲本和 11 份我国常用玉米自交系为供体亲本及各 17 份 BC_1F_4 和 BC_1F_5 两个回交世代为材料，采用随机区组设计，在吐丝期采用干旱胁迫处理，研究分析了各耐旱相关性状与耐旱性的关系，通过回交与自交，获得耐旱性显著提高的玉米材料。试验结论如下。

（1）株高、穗位高、ASI、P_n 和产量 5 个指标可以作为玉米自交系和回交导入系耐旱性评价的重要指标。

（2）不同年份两回交世代分别分为 3 类，在 33 份 BC_1F_4 群体中，耐旱性强的有 10 份，耐旱性较强的有 11 份，耐旱性弱的有 12 份；在 33 份 BC_1F_5 群体中，耐旱性强的有 18 份，耐旱性较强的有 11 份，耐旱性弱的有 4 份。

（3）同一年份三世代玉米自交系和回交导入系分别分为 3 类，15 份玉米自交系中，耐旱性强的有 5 份，耐旱性较强的有 4 份，耐旱性弱的有 6 份；17 份 BC_1F_4 群体中，耐旱性强的有 7 份，耐旱性较强的有 7 份，耐旱性弱的有 3 份；17 份 BC_1F_5 群体中，耐旱性强的有 8 份，耐旱性较强的有 6 份，耐旱性弱的有 3 份。

（4）通过回交导入构建群体，不同年份两世代玉米回交导入系中有 15 份玉米回交导入系的耐旱性得到显著提高；而同年三世代玉米自交系和回交导入系中有 5 份玉米自交系构建的回交导入系的耐旱性均得到显著提高。

关键词： 玉米回交导入系；耐旱性；耐旱系数；鉴定指标

① 导师：孙继颖副教授、高聚林教授。

论文提交日期：2018 年 6 月。

栽培措施对春玉米产量差和效率差的贡献及其调控机制

杨哲①（2016—2018）

定量化主要栽培措施因子对产量贡献并明确其优先序及调控机制，对探讨产量、效率协同缩差途径具有重要指导意义。本研究通过农户调研、文献综述、田间因子替换试验的方法，定量化分析了主要栽培措施对产量贡献，明确了主控因子及调控机制；同时，提出了农户水平向高产高效和超高产高效水平缩差增产增效的技术优化途径并进行了验证。主要研究结果如下。

（1）影响春玉米产量提升的技术性限制因子主要有5个，分别是品种的耐密适应性、种植密度、土壤耕作、养分管理和病害防治。

（2）5个栽培措施因子对产量贡献的优先序为：种植密度、养分管理、防病（兼化控）、土壤耕作及品种，对产量的贡献率分别为15.9%、10.0%、6.5%、5.5%、4.1%。对PFP_N贡献的优先序为种植密度、养分管理、防病（兼化控）、土壤耕作、品种，贡献率分别为16.7%、4.1%、4.0%、3.4%、1.9%。对RUE贡献的优先序为种植密度、品种、防病、养分管理、土壤耕作，贡献率分别为23.2%、18.5%、3.6%、3.4%、0.9%。

（3）不同措施因子对玉米“源”“库”两端产量性能的影响不同。种植密度主要通过影响MLAI和EN影响产量；养分管理、土壤耕作措施主要通过影响MLAI和GN影响产量；防病（兼化控）措施主要通过影响MLAI和GW影响产量；品种主要通过影响MNAR和GN影响产量。从资源效率来看，种植密度、养分管理、耕作方式和防病（兼化控）通过提高光氮资源截获率提升了光氮利用效率，而品种则通过提高光氮转化效率提升了光氮利用效率。

（4）通过优化密度和养分管理两项措施，就可实现增产15%、增效20%以上的高产高效目标，而要实现产量和资源效率协同提高30%～50%以上的超高产高效目标，则需要优化包括密度和养分管理在内的至少3个因子甚至全部5个因子才能实现。措施优化主要通过优化群体、增加生物量和光氮资源的截获率提升产量和光氮利用效率，在此基础上提高干物质转运和光氮转化效率是进一步缩差增产增效的重要方向。

关键词： 春玉米；栽培措施；产量差；效率差；定量化

---

① 导师：王志刚教授、高聚林教授。

论文提交日期：2018年6月。

玉米根系构型及其杂种优势与氮肥利用效率关系的生理基础

魏淑丽[①]（2016—2018）

挖掘作物根系对氮肥吸收与利用的生物学潜力是提高氮肥利用效率，实现减氮增产的重要途径之一。本研究以新老年代典型玉米品种单交种及其亲本自交系为材料，在两个施氮水平下（0 千克/公顷和 150 千克/公顷），从新老两个年代、高低两个氮效率两个角度，系统分析玉米根系构型及其杂种优势的变化特征，并解析根系构型及其杂种优势演变与氮肥利用效率及其杂种优势演变的关系。主要研究结果如下。

（1）氮高效品种具有“陡、密、深”的根系构型特点。支柱根角度（BA）增高了 8°、冠根角度（CA）增加了 5°（陡）；冠根条数（CN）平均增加了 5 条，支柱根冠根分支数（BB、CB）平均增加了 5 个分支（1 厘米范围，密）；95％累积根重深度（D95）增加，根系下扎深度增加了 5 厘米（深）。

（2）根系构型指标具有杂种优势，支柱根冠根分支数（BB、CB）、95％累积根重深度（D95）具有正向杂种优势，而支柱根冠根角度（BA、CA）、支柱根冠根条数（BN、CN）具有负向杂种优势，现代品种根系构型杂种优势较早期品种增加，但都利于花前氮吸收和积累，是现代品种表现较高氮肥生理效率杂种优势进而表现较高氮肥利用效率杂种优势的重要生理基础。

（3）随着玉米品种的更替，氮肥利用效率提高，玉米冠根角度的增大和冠根数量的增多明显促进了根系下扎；支柱根角度、冠根角度和冠根数量的增加是其花前吸收和积累较多氮素的根本原因，这是其具备较高花后氮素转运效率（生理效率）即较高 NIE 的前提。

关键词： 玉米；氮肥利用效率；根系构型；杂种优势

① 导师：王志刚教授、高聚林教授。
论文提交日期：2018 年 6 月。

向日葵冠层衰老及土壤结构对深松增密的响应机制

孟天天[①]（2016—2018）

增密是实现作物高产的基本途径之一，但增密又加剧了向日葵个体的衰老进程，而深松可以缓解由于密度的增加引起的冠层衰老。本试验选用典型的食葵（食用型向日葵）品种和油葵（油用型向日葵）品种各1个，在不同种植密度（4.5万～7.5万株/公顷）条件下，从冠层衰老、光合特性等方面探索向日葵的衰老特性。试验结果如下。

（1）深松较浅旋显著降低了土壤紧实度、土壤容重，增加了土壤孔隙度、土壤含水量。深松45厘米可以有效改善植株0～40厘米的土壤容重和土壤三相，深松30厘米可以有效降低0～20厘米的土壤容重和土壤三相。

（2）不同的耕作方式及密度下，向日葵不同层位叶片衰老均表现为下部叶早于中部叶和上部叶，上部叶衰老速度最慢。低密度时的叶片衰老速度低于高密度；深松较浅旋延缓了向日葵的叶片衰老，且在深松45厘米时抗衰老性最强。随密度增加冠层衰老速率加快。冠层抗衰老模糊隶属函数值表明深松增密处理主要是通过地上部叶片细胞内的丙二醛含量影响植株衰老。

（3）同一耕作方式，不同密度下，向日葵单叶光合特性、籽实特性、冠层衰老酶活性（超氧化物歧化酶、过氧化氢酶、过氧化物酶）随种植密度的增加而降低，而LAI和MDA随密度的增加而增加。同一密度，不同耕作方式下，深松较浅旋显著提高了向日葵的光合特性、籽实特性和产量构成因素，提高了向日葵的抗衰老性，改善了土壤物理特性。整体表现为：S1＞S2＞S3。

（4）向日葵的籽实的最大灌浆速率与粒重达到显著正相关关系，达到最大灌浆速率的时间与粒重达到显著负相关关系。且向日葵在不同的耕作方式下，向日葵达到最大灌浆速率的时间在S1处理下的最快、S2次之、S3最慢。

（5）在不同的耕作方式下，深松较浅旋显著提高了向日葵的产量构成因素及籽实特性；随着密度的增加，向日葵的产量构成因素及籽实特性下降。深松增密后，深松可以减小由于密度的增加而引起的向日葵籽实特性和产量构成因素等方面的变异。

综上所述，虽然向日葵品种在高密度条件下具有较高的产量，主要与其在生长的过程中具有较高的LAI有关，但密度增加加快了向日葵冠层衰老、降低了光合特性。深松降

① 导师：胡树平副教授、高聚林教授。

论文提交日期：2018年6月。

低了向日葵的光合特性、籽实灌浆速率、抗氧化酶的活性、抗衰老系数高低密度间的差异。说明深松可以有效改善由于密度增加而引起的“密度”效应，并且提高了光合特性、抗衰老系数、降低了枯叶数。

关键词：向日葵；冠层衰老；深松增密

下篇　博士研究生学位论文

多媒体玉米优化栽培管理决策支持系统研究

高聚林[①]（1998—2001）

为了解决当前玉米生产管理在某一地区不能因土壤、气候等生态条件、品种特性的变化而变化，通用一个静态栽培管理模式的弊端；探索依据玉米生产区的土壤、气候等生态条件、品种特性，提供相应的系统性和应变性的优化栽培决策方案，实现玉米栽培管理由粗放经营型向集约经营型的转变，由传统的静态栽培模式向现代智能化动态栽培模式转变，在国内外同类研究及作者近10年对玉米栽培生理、生态进行系统而深入研究和调查资料的基础上，作者对已经取得试验结果进行数值计算分析，并广泛汇集玉米栽培专家的经验和知识，借助系统工程方法和专家系统原理，按照软件工程模块化结构设计思想，使用多种计算机语言混合编程技术、多媒体创作工具，将作物模拟模型技术、专家系统技术、决策支持系统技术、人工神经网络技术等集成，研制完成了基于模型的“多媒体玉米优化栽培管理决策支持系统（MOCMDSS）”。其主要研究结果如下。

在玉米优化栽培决策模型研究方面，面向内蒙古玉米主产区建立了两大类型不同熟期7个品种综合农艺措施与产量关系模型，通过解析模型可求得实现目标产量的综合农艺栽培措施组合方案。以此为基础，与土壤可提供养分模型挂接，确定平衡、配方施肥方案；与效益模型挂接，进行最佳经济施肥量决策；与叶面积模型或叶向值模型挂接，进行合理群体规模决策。综合应用Francis模型和Kannenberg模型、Eberhart模型和Russell模型进行品种适应性评价，选择高产、稳产品种。Jensen模型有效揭示了玉米生长过程中水分变化对产量影响的函数关系，并利用随机动态规划方法，依据相应的约束条件决策出优化栽培的节水灌溉制度。由于采取“模型挂接方法”和模型的综合应用进行多模型辅助决策，提高了MOCMDSS决策的适用性、精确性和机理性，由MOCMDSS决策出的系统性和应变性优化栽培方案，能够实现因某一地区土壤、气候等生态条件、品种特性及市场的变化而变化，达到高产节本高效的目的。

在玉米生长发育模拟研究方面，从叶片生长、穗分化、群体发展动态、光合生产与物质积累、氮磷钾吸收、产量形成等方面建立了800多个模型（S形曲线、二次抛物线、普适生长曲线、分式函数、二次曲线、积分函数、加法函数、幂函数等），揭示了玉米生长发育及产量形成的内在机制，为玉米优化栽培的目标管理提供决策咨询服务。

在实现专家知识获取与表达的方法上，依据专家系统设计原理及规则，从知识源的确

① 导师：董树亭教授、胡昌浩教授、刘克礼教授。
论文提交日期：2001年5月。

定、专家知识的概念化、形式化和过程模拟等阶段确定了 MOCMDSS 专家知识获取过程；应用模型表达、产生式规则、框架结构、事实表示、代码字典等形式，确定了玉米栽培专家知识，形成了地区，气候，土壤，品种资源库，玉米优化栽培的生理参数、生理指标、模型、事实库等近 100 个知识、数据库；确定了以正向推理和逆向推理为主要推理形式的推理过程控制策略，最终实现了 MOCMDSS 的推理机制。

在系统构成方面，MOCMDSS 是由人机交互系统、知识库系统、问题处理系统三者构成的有机整体。在实际决策过程中，由人机交互系统根据决策问题选择建立一个解决该决策问题的总模型，它集成所需要的基本模型、数据和知识进行计算、推理，并进行人机对话，通过各部件之间的接口，形成了统一集成的问题处理系统。

MOCMDSS 探索了一种基于模型的作物栽培管理决策支持系统的实现方法，集中体现了模型技术与专家系统的有机结合，二者互补，既发挥了专家系统以知识推理形式解决定性问题的特点，又发挥了模型技术解决定量问题的特点，达到定性和定量分析的有机结合，集成具有初阶智能化的多媒体玉米优化栽培管理决策支持系统，有效地提高了玉米高产优化栽培管理的决策水平，并在其易用性和实用性方面取得了突破性进展。

MOCMDSS 生产应用实践证明：按照 MOCMDSS 决策出的系统性和应变性优化栽培方案实施，较现行模式化栽培田亩增产 10%以上、亩纯增收入 50 元以上。

关键词：玉米；模拟模型；专家系统；决策支持系统；人工神经网络

大豆水分高效利用调控机理与品种遗传多样性分析

孙继颖[①]（2004—2007）

本文针对西部地区干旱少雨的气候特点，通过氮肥调控、磷肥调控、调亏灌溉、覆膜调控等措施，系统研究了栽培措施对提高旱作大豆水分利用效率的作用机理，进行了不同基因型品种抗旱性鉴定与品种多样性RAPD分析，旨在探索适合西部干旱地区大豆节水高产的栽培技术体系，并筛选适宜的大豆品种，以充分发挥有限水资源的生产潜力，提高水分利用效率。主要结果如下。

1. 增施氮肥显著提高大豆水分利用效率 旱作条件下，适量增施氮肥可以促进大豆个体生长发育，改善光合性能和抗旱特性，增强根系生长与活力，提高大豆产量与水分利用效率；当施氮肥量超过一定范围时，则由于个体生长过于旺盛，降低了群体性能，导致减产。在供试的3个氮肥水平下，中氮处理大豆产量及水分利用效率最高，其次为高氮处理，低氮处理最低。中氮处理比低氮处理增产24.41%，叶片水分利用效率、土壤水分利用效率及降水水分利用效率分别比低氮处理提高6.22%、24.26%及24.29%。

2. 增施磷肥促进水分胁迫条件下大豆生长发育 大豆在始花、盛花和鼓粒3个不同的生育时期水分胁迫后，其单株叶面积减少、单株干物质重明显下降，单株荚数显著减少，致使大豆产量明显减少。增加施磷量能明显提高水分胁迫下大豆单株叶面积，相对增加了大豆干物质积累量，增加了单株荚数和单株粒重，因而提高了水分胁迫下的大豆产量；另外，适量的磷素营养可提高始花期和盛花期水分胁迫下大豆根系活力，降低水分胁迫下的叶片气孔导度，减小其蒸腾速率，增加叶片胞间CO_2浓度，提高光合速率和叶片水分利用效率，提高了水分胁迫下大豆叶片的光合活性；还能提高始花期和盛花期水分胁迫下大豆叶片脯氨酸含量，增加大豆叶片相对含水率，降低大豆叶片的相对电导率和丙二醛含量，提高始花期和盛花期水分胁迫下的大豆叶片保护酶（SOD和POD）活性，保护细胞膜的完整性和稳定性。始花期、盛花期和鼓粒期三个不同的生育时期水分胁迫后的各项指标变化的比较说明，大豆始花期对于水分亏缺最敏感。

3. 行间覆膜和行上覆膜显著提高大豆水分利用效率 行间覆膜和行上覆膜两种方式均能够显著提高大豆叶面积指数、增加大豆叶片厚度、改善光合性能、改善抗旱性能，调节土壤水分运移状况、提高大豆根系对于深层水分的利用、提高大豆根系的生长状况。行上覆膜大豆比对照增产20.85%，叶片水分利用效率、土壤水分利用效率及降水水分利用

---

① 导师：高聚林教授。

论文提交日期：2007年4月。

效率分别提高105.16%、150.00%及20.43%；行间覆膜大豆比对照增产16.97%，叶片水分利用效率、土壤水分利用效率及降水水分利用效率分别提高112.68%、141.76%及16.98%。

4. 大豆不同品种抗旱性能鉴定与分析 根据抗旱隶属函数法将45个大豆品种进行分类，可分为四类，强抗旱品种为丰源001-44、蒙豆9号、晋豆25、晋豆23、大豆邱9300、半野生大豆、秣食豆、吉育39及晋豆15共9个品种，抗旱类型的有蒙豆19、黑农46、黑河38、绥农10号、MTJ9911-2、白农9号、丰源001-3、北丰9号、吉育30、吉育70、CK125、开育10号、兴抗线1号、吉育62号、吉育47、王中王、吉育56、白农10号、九农20、吉育55、兴00-5091及吉育35号共22个品种，中抗旱类型的有蒙豆17、内豆4号、疆莫豆1号、黑农18、蒙豆12、抗线4号及中作122共7个品种，弱抗旱类型的有札幌绿、蒙豆18、蒙豆16、合丰47、吉育38、中作962及中作引1号共7个品种。另外，通过SPSS分析软件将45个品种进行了聚类，两种分类方法对于大豆不同品种的分类相同程度达到77.8%。

5. 不同品种大豆RAPD标记多样性分析 通过对45条随机引物的筛选，得到可以扩增出多态性谱带的引物12条，这12条引物扩增出的谱带多态性比例达到85.2%；谱带统计结果表明，不同的引物所扩增出的带数不同，同一引物在不同材料之间的扩增带数也不相同，反映了各个材料之间的多态性。在可扩增出多态性谱带的12条引物中继续筛选，得到可以明确区分大豆不同品种抗旱性差异的两条引物，分别为S183及S189，将这两条引物的扩增图谱应用DPS软件进行分析，在适当的阈值内，明确地将不同抗旱性能的大豆类型分开，分类结果与通过抗旱隶属函数法分类结果完全一致，初步证实了RAPD技术在栽培大豆品种间研究的实用性及准确性。试验筛选出的适用于大豆不同品种抗旱性能鉴定与分析的多态性随机引物，为进一步大豆抗旱基因分离与定位工作奠定了良好的基础。

关键词： 春大豆；栽培调控；抗旱性能鉴定；品种多样性；水分利用效率

内蒙古平原灌区春小麦品质特性及形成机理的研究

索全义[①]（2004—2007）

通过多年多点田间试验和调查研究，针对内蒙古平原灌区（土默川平原和河套平原）春小麦品质特性及其形成的影响因素（生态环境与栽培条件、基因型、施肥），系统研究了春小麦籽粒发育过程中品质形成特点、花后不同光合器官对品质形成的作用及其氮、磷、钾配比的调控效应。主要研究结果如下。

（1）河套平原灌区春小麦千粒重、容重、沉降值、面团稳定时间、降落数值、湿面筋含量平均值均高于全国（2006 年）和黑龙江（1992 年）平均水平；烘焙品质评分值、蛋白质含量低于全国平均值。

（2）自然生态和栽培条件对 7 项品质指标变异程度大小的顺序依次是面团稳定时间、千粒重、降落数值、蛋白质、湿面筋、烘焙品质评分值、容重。河套平原容重、千粒重、降落数值、面团稳定时间，烘焙品质评分值均显著高于土默川地区；而蛋白质与土默川相当，湿面筋含量显著低于土默川。自然生态和栽培条件对氨基酸含量影响较大的 5 种氨基酸依次是酪氨酸、苯丙氨酸、赖氨酸、胱氨酸、组氨酸；硒、锌、铁这 3 个目前人们生活中追求的矿质营养元素都易受栽培条件和生态环境的影响，籽粒锌、硒的平均含量以土默川平原高于河套平原，铁的平均含量则是土默川平原低于河套平原。

（3）遗传因素和环境条件对品质影响程度的大小因籽粒品质性状的不同而异。籽粒蛋白质、容重、千粒重、氨基酸是环境条件的影响大于遗传因素，而面团稳定时间、烘焙品质评分值、湿面筋是遗传因素的影响大于环境条件，遗传因素和环境条件对降落数值的影响不相上下。

（4）不同基因型春小麦 8 项品质指标变异度大小的顺序依次为面团稳定时间、沉降值、烘焙品质评分值、降落数值、湿面筋、千粒重、蛋白质、容重，变异度最大的 5 种氨基酸依次是赖氨酸、苯丙氨酸、酪氨酸、组氨酸、脯氨酸，矿质元素含量变异度大小依次是钙、铁、镁、锌。

（5）施氮肥可大幅度提高蛋白质、湿面筋的含量，延长面团稳定时间，提高降落数值，改善烘焙品质；施磷肥可显著提高千粒重和容重，增加湿面筋含量，改善烘焙品质；施钾肥可显著提高蛋白质、湿面筋含量，增加千粒重，延长面团稳定时间。氮肥、磷肥、钾肥的施用都有利于籽粒氨基酸总量、动物必需氨基酸、人必需氨基酸和赖氨酸含量的提

① 导师：高聚林教授。

论文提交日期：2007 年 4 月。

高；氮肥的施用，提高了籽粒中磷、硫、钙、镁、铁、铜、锌的含量；氮、磷配合，使磷、钾、硫、钙、镁、铁、铜的含量有不同程度的提高；钾肥的施用，使钾、铁、锰的含量明显提高。

（6）硼肥对品质没有显著影响，锌肥使容重和降落数值明显增加；硼肥可不同程度地提高钙、镁、铁、锰、铜、锌、硒的含量，锌肥可不同程度地增加钙、铜、锌、硒的含量；硼肥对必需氨基酸含量及组成（占总量%）有显著正效应；锌肥使赖氨酸含量显著提高，且显著提高了必需氨基酸和赖氨酸的组成。

（7）氮肥种类（尿素、硝酸铵、碳酸氢铵）对小麦品质的影响较小；氮肥用量对小麦加工品质中的面团稳定时间影响最大、对营养品质中淀粉含量的影响最小、对小麦矿物质中锌含量的影响最大，对维生素中维生素 E 含量的影响最大；随着氮肥施用期后移，粗蛋白、降落数值、面团稳定时间、湿面筋含量以及面包烘焙品质评分值都得到了提高，容重、淀粉含量降低，粗脂肪和粗灰分含量有降有升；籽粒磷、钾、钙、铁含量整体呈降低的趋势，锌量呈上升的趋势；氮肥后移使维生素 B_1 和维生素 B_2 含量均降低，使维生素 E 含量增加；除丙氨酸、缬氨酸、蛋氨酸外，后期施氮有利于籽粒中其他各种氨基酸含量的提高。

（8）氮肥用量、种类、施用时期对籽粒硝态氮含量的影响都很小。

（9）随春小麦籽粒发育进程，淀粉含量递增、粗蛋白质含量递减、粗脂肪含量呈先升后降的趋势、灰分含量整体上是降低的趋势；钾、钙、锌、铁含量递减，磷含量先降后升，维生素 B_1、维生素 B_2、维生素 E 含量整体上呈下降的趋势，氨基酸总含量渐增；出粉率、湿面筋含量、面团形成时间、面团稳定时间、面团延伸性渐增，最大拉伸阻力则呈倒 N 形，即“降低—升高—降低”；拉伸比整体上呈下降趋势。

（10）不同光合器官对籽粒营养成分的变异度以淀粉含量最大，其次为灰分和脂肪，粗蛋白最小；对籽粒矿质元素中铁含量引起的变幅最大，其次为钙和钾，再次为磷，最小的为锌；对维生素中 B 族维生素（维生素 B_1、维生素 B_2）引起的变幅较大，对维生素 E 引起的变幅较小。从光合器官的类型来看，春小麦开花后非叶光合器官（穗、穗下节间、旗叶鞘）对籽粒品质的影响并不弱于叶器官（旗叶、倒二叶、倒三叶）。氮、磷、钾配比对不同光合器官的品质调控效应由于品质指标的不同而有所差异。

关键词： 内蒙古；春小麦；品质；形成机理

基于知识模型的春大豆生产管理专家系统研究

武向良[①]（2003—2008）

近年我国大豆总产徘徊不前，进口逐年增加，其主要原因是大豆生产科技含量低，导致单产低、品质差，怎样加速大豆科研成果转化与推广成为振兴大豆产业的主攻方向。本研究利用专家系统和知识模型的构建原理与技术，以多年大豆科研数据和现有科研成果为依托，建立了基于WEB的大豆生产管理专家系统，利用信息技术为大豆产前、产中和产后提供专家水平的决策咨询服务。主要研究结果如下。

（1）在系统中运用知识模型，使得知识模型在应用到小麦、棉花、水稻、油菜、玉米后，应用到大豆生产管理专家系统。构建了包括轮作模式、品种选择、产量目标、种植密度确定、水肥运筹等方面为主的播前方案设计知识模型。

合理轮作模型充分考虑生态效益和经济效益，以三年作为一个轮作范畴，考虑当地主栽作物产量水平、成本投入、市场价格、前茬作物对后茬作物的影响等因素，利用线性规划原理，使 $Y=\sum_{i=1}^{3}A_{ij}(j=1,\ 2,\ \cdots,\ m)$ 达到最大，即单位面积3年的经济效益最大化，确定轮作作物及种植面积，构建合理的轮作模式，使农业生产可持续性发展，从根本上解决大豆重迎茬问题。

品种选择模型为 $ZXD=\begin{cases}PY/STY & PY>STY \text{ and } SYQ\leqslant WSQ-12\\ 1.0 & PY\geqslant STY \text{ and } SYQ\leqslant WSQ-12\end{cases}$，并当置信度 $ZXD=1-\prod_{i=1}^{N}\frac{|X_{iy}-X_{ix}|}{X_{ix}}$ 大于80%时，系统将品种选出，并提供抗旱品种的选择。

大豆种植密度模型，通过多年的实验数据及模型分析，确定大豆的基础密度为34.14万株/公顷，然后根据大豆品种株型、地力和肥料水平、栽培方式、是否灌溉等影响因子对密度进行修正，见方程 $MD=JCMD\times ZX\times NSL\times ZP\times GS$。

另外，还构建了大豆适应性判断、目标产量确定、播期确定及水肥运筹等知识模型，并对相关参数进行了确定。

（2）建立了大豆叶面积指数、群体光合速率、干物质积累和地上部分氮磷钾的吸收等动态及相互关系模型，根据目标产量确定各生育时期的目标生理指标，使其成为生产调控

① 硕博连读。导师：高聚林教授。

论文提交日期：2008年4月。

管理的依据。当 $TK=\frac{Xy-Xs}{Xy}\geqslant 10\%$ 或 $TK=\frac{Xy-Xs}{Xy}\leqslant -10\%$ 时，采取相应的调控措施，使生产向目标化发展。

（3）建立了包括大豆形态知识、大豆生理知识、合理轮作、播前准备、播种和苗期管理、分枝期管理、开花期管理、鼓粒期管理、病虫害防治、适时收获以及加工储藏等整个过程专家咨询系统，采取正向推理、逆向推理等推理方式为用户提供专家咨询服务。

（4）系统以 Windows2003 Sever＋IIS6.0 为开发平台，以微软的大型数据库 Sql Server2000 为依托，采用 asp.net 模式开发了基于 WEB 的大豆生产管理专家系统，以便利的互联网为纽带，利用信息技术整合现有科研成果，为用户提供大豆生产的科技信息服务。

关键词：知识模型；大豆；专家咨询；生理指标；决策支持系统；专家系统

燕麦种质资源遗传多样性研究

齐冰洁[①]（2005—2009）

燕麦属于禾本科（Gramineae）燕麦族（Aveneae D.）燕麦属（*Avena* L.）。燕麦是我国高寒山区特有的一种优质杂粮作物，是粮饲兼用兼备食疗功能的作物。研究和评价燕麦种质资源的遗传多样性，对探讨燕麦的起源和进化，种质资源的考察搜集，燕麦资源遗传多样性保存措施的制订，以及燕麦资源新基因的挖掘和种质创新利用均具有重要意义。因此，本研究对 74 份燕麦种质资源的形态多样性、蛋白质多样性和 DNA 多样性等方面进行了综合评价，并对 3 个不同层次的遗传多样性研究进行了比较。主要结果如下。

（1）对 74 份燕麦种质资源在不同环境下的形态多样性进行研究，结果表明，燕麦种质资源各形态性状具有丰富的多样性，质量性状平均多样性指数为 1.07；两试点数量性状平均多样性指数分别为 1.90 和 1.65，平均变异系数为 24.14%和 27.66%。

（2）燕麦形态性状的主成分分析和判别分析结果显示，燕麦种质资源的形态多样性主成分明显，呼和浩特市试点燕麦的主穗粒重、千粒重和单株粒重是造成燕麦种质形态变异的主要因素；而武川试点燕麦的主穗粒重、主穗小穗数和单株粒重是造成燕麦种质形态变异的主要因素。

（3）基于形态性状聚类分析，将 2 试点供试燕麦种质资源各划分为五大类群，供试燕麦种质类型丰富，可选到类型差异较大的不同种质材料。其中呼和浩特市试点种质群Ⅰ的材料可作为选育大粒、高产型品种的亲本，种质群Ⅱ的材料可作多穗型品种的亲本。武川试点种质群Ⅰ的材料可作为选育大粒品种的亲本，种质群Ⅲ的材料可作为高产类型品种的亲本，种质群Ⅳ的材料可作为多穗类型品种的亲本，种质群Ⅴ的材料可作矮秆品种的亲本。

（4）利用酸性聚丙烯酰胺凝胶电泳（Acid-polyacrylamide gel electrophoresis，APAGE）检测与分析表明，74 份燕麦醇溶蛋白位点存在丰富的等位变异，共检测到 73 种燕麦醇溶蛋白图谱。等位基因平均遗传多样性指数为 0.522 9，其醇溶蛋白带纹遗传相似系数在 0.166 7～1.000，平均遗传相似系数为 0.496 4。供试材料共分离出 19 种迁移率不同的醇溶蛋白带纹，醇溶蛋白的带纹多态性为 100%。燕麦醇溶蛋白聚类分析将 74 份材料分为六大类，分类结果部分供试材料与其地理来源有一定的相关性。

（5）对 2 个不同生态环境下 74 份种质资源 3 种营养成分进行了测定，结果表明不同种质材料之间品质性状含量存在着较为丰富的变异，呼和浩特市试点 3 个营养品质性状的

① 导师：高聚林教授。

论文提交日期：2009 年 4 月。

平均变异系数和多样性指数为18.43%和1.84，武川试点3个营养品质性状的平均变异系数和多样性指数为17.32%和1.74。对其品质性状进行稳定性分析，其中编号为24、25、46、48、69、70的蛋白质含量，47、48、54的β-葡聚糖含量，13、24、25、27、71的赖氨酸含量在2试点表现含量高且稳定。筛选出一批品质优异的燕麦资源，其中呼和浩特市32份，武川35份。

（6）两个试点营养品质性状方差分析结果表明：3个营养品质性状含量在不同种质基因型间均存在极显著差异；燕麦种质在武川试点的平均蛋白质和β-葡聚糖的含量显著高于呼和浩特市试点。裸燕麦3个品质性状含量极显著高于皮燕麦。相关性分析结果燕麦β-葡聚糖含量与蛋白质、赖氨酸含量呈显著正相关，蛋白质含量与赖氨酸含量均呈正相关，但不显著。

（7）利用聚类分析的方法，对供试种质在两个试点的3种营养成分含量进行分类，供试种质在不同类群间营养品质性状含量差异显著。

（8）利用植物基因组试剂盒提取较高质量的燕麦DNA，其纯度高、质量好，符合燕麦AFLP分析。本研究选用核心引物3′末端添加3个选择性核苷酸的PstⅠ和MseⅠ引物，扩增出的谱带多态性比率高，效果好。

（9）筛选出的10个引物组合，对74份燕麦种质资源的基因组进行片断多态性扩增，共扩增出784条清晰可辨的可记录带，其中760个位点具有多态性，多态性位点比率为96.91%。表明各供试材料的AFLP多态性丰富，利用AFLP标记评价燕麦种质的遗传多样性具有较高的检测效率。

（10）遗传多样性分析结果表明，燕麦种质的平均Nei's指数（H）为0.382，平均Shannon's信息指数为0.573，表现出较高的遗传多样性。74份燕麦品种间遗传相似系数在0.568 2～0.910 6。

（11）基于AFLP分子标记的聚类分析结果，74份燕麦种质可以分为五大类，分类结果与地理来源及皮裸性有一定的相关性。

关键词： 燕麦；种质资源；形态学多样性；醇溶蛋白；AFLP标记；营养品质；遗传多样性

超高产春玉米根冠结构、功能特性及农艺节水补偿机制研究

王志刚[①]（2004—2009）

内蒙古平原灌区是我国玉米高产潜力最大的地区，玉米超高产纪录不断刷新；目前限制产量进一步提高的主要问题：一是小面积上的高产纪录重演性差，在大面积上难以实现，且高产纪录突破难度不断增加；二是高产优势区水资源短缺，且水资源利用效率不高。问题的实质是玉米实现超高产的机理和超高产条件下水分高效利用途径不明确。本研究以进一步挖掘玉米高产潜力和提高超高产玉米水分利用效率为目标，在不同产量水平、不同密植定额和不同节水措施条件下，对超高产春玉米根冠结构、功能特性进行系统研究，并结合超高产群体产量性能分析，揭示春玉米实现超高产的机理和产量挖潜的途径，探索建立超高产和水资源高效协调的技术途径。主要研究结论如下。

（1）超高产春玉米产量提高实质上是密度（EN）增加促使单位面积上总籽粒数（TGN）增加的结果。TGN 的提高：一是通过增加密度提高单位面积收获穗数（EN），二是通过采用多花型品种和提高小花受孕率提高穗粒数（GN）实现。相关分析表明，平均净同化率（MNAR）通过影响穗粒数（GN）间接影响产量提高，说明通过优化群体结构，提高个体光合生产性能是产量潜力挖掘的重要途径。产量性能定量化分析表明，超高产春玉米安全群体的平均叶面积指数（MLAI）值为 5 左右；中大穗型品种应保持适宜密度，控制营养生长并加强花粒期管理，减少生长冗余、提高收获指数、增加粒重是其产量提高的主要途径；中小穗型品种耐密性较强，可以依靠密度增加产量，但密度不宜超过 90 000 穗/公顷，生产上要优化群体结构，加强水肥管理，抗倒防衰，提高结实率和穗粒数，稳定千粒重。

（2）超高产春玉米根冠结构、功能特性具体表现为：群体冠层 LAI 增大，个体株型相对紧凑，上部叶片叶倾角和叶面积明显减小，下部叶片叶倾角略有减小且叶片面积较大，因而冠层在截获更多 PAR 的同时优化了冠层整体垂直空间上的光分布状态；使穗位及穗位以上叶片 P_n 和 WUE 显著提高，而穗位下部叶片不降低。超高产春玉米个体根系生物量略有减小，但群体生物量显著增加；根系生物量、总活力和活跃吸收面积横向分布相对集中，垂直方向上向土壤深层扩展比例增加。超高产春玉米群体“源”明显扩大，但“库”降低成为产量进一步提高的限制因子，采用耐密品种，减少败育粒，提高结实率，稳源扩库，协调源库比例，是超高产春玉米结构性挖潜的重要途径；而稳定植株下部叶片

①　硕博连读。导师：高聚林教授。

论文提交日期：2009 年 4 月。

生产效率的基础上，提高植株穗位以上叶片的光合效率将成为产量挖潜中功能性挖潜的重要途径。

（3）超高产春玉米在密度增加过程中，生育后期叶片特别是穗位层以下叶片的衰老加快，光合性能和光化学效率降低，吐丝后 LAD 比例降低，不利于花后物质积累和产量的提高。但超高产春玉米可以通过自动调节补偿密度增加产生的不利影响，其群体冠层通过提高穗位层以上冠层的 LAI 弥补个体叶面积的降低；其个体通过自动调节中上部叶片的角度和弯曲度而相对紧凑使叶片处于较佳的受光位置；随着密度的增加，根系的干物质量、总活力和活跃吸收面积横向分布趋于集中，垂直方向上向耕层以下的深层扩展比例增加。大穗型品种自动调节能力差，密度过高产量降低，中小穗型品种则在密度增加过程中表现较强的自动调节适应能力。根冠关系分析表明，根系分布越集中，在深层土壤中分布比例越大，株型越紧凑。因而，超高产条件下通过增加群体容量提高中上层叶片 LAI，进而提高光能截获和利用率，同时提高深层根量和吸收面积比例，可以促进产量和水资源利用效率的提高。

（4）行间覆膜通过调节中上部叶片改善 PAR 在穗位层及下层的分布，同时提高叶片保护酶系统活性，提高中上部叶片在强光下的抗氧化能力并延缓下部叶片衰老；同时，行间覆膜明显提高玉米植株根系的生物量、总活力和总活跃吸收面积；横向上显著提高根系在宽行的分布量，扩大吸收的范围，纵向上提高根系生物量和总活跃吸收面积在耕层以下的分布比例。行间覆膜通过增加穗位上部冠层的 LAI 增加后期冠层的 LAI，使超高产群体花后 LAD 比例和花后干物质积累比例显著增加，同时行间覆膜使籽粒“库容”显著增大，群体“源库”协调，其增产作用始于营养生长和生殖生长并进时期，主要体现在生育后期。行间覆膜通过横向水分运移使玉米根系长期生长在土壤含水量相对较高的区域，通过提高降水和灌溉水利用效率显著提高水分利用效率。

（5）调亏灌溉使冠层和根系生长表现为明显的超补偿效应。调亏复水后，叶面积明显增加，保护酶系统活性提高，各层叶片衰老进程延缓，花后叶片光合效率和水分利用效率显著提高，棒三叶上部叶片光合超补偿优势明显，下层叶片则在水分利用效率上体现超补偿优势；苞叶、叶鞘等非叶光合器官对产量的相对贡献在调亏灌溉下更加突出。根系生物量、活力和活跃吸收面积显著增加，且横向分布拓展，深层分布比例增加，复水后，表层根系和正在发育的深层根系同时表现出功能上的超补偿作用。行间覆膜条件下，不同生育时期调亏灌溉能显著降低不同生育阶段玉米群体的耗水量和耗水强度，显著提高超高产春玉米的 WUE，运用行间覆膜和调亏灌溉综合农艺，可以实现产量提高 20%～30%，水资源利用效率提高 20%以上的高产高效目标。

关键词： 春玉米；超高产；根冠结构；功能特性；农艺节水；定量分析

玉米叶片水分利用效率及其相关性状的 QTL 定位与分析

于晓芳[①]（2005—2010）

玉米（*Zea Mays* L.）是重要的粮、经、饲作物，玉米的产量关系到我国乃至世界的粮食安全问题。但是，由于全球水资源的日益短缺，干旱已经严重地限制了玉米产量的稳定和提高。因此，提高玉米的抗旱节水能力势在必行。随着科学研究和生产实践的不断深入，通过选择和培育高水分利用效率（water use efficiency，WUE）玉米品种来提高玉米自身抗旱节水能力显得尤为重要，同时也成为一种可能。近年来，分子标记技术的迅猛发展和应用，使得玉米高密度遗传图谱不断被完善；分子生物统计方法的不断更新并与分子标记技术相结合，使得玉米大量数量性状基因位点（quantitative trait loci，QTL）得以定位，这些为玉米高水分利用效率进行分子遗传研究及分子标记辅助育种奠定了坚实的基础。

本试验以 23 个玉米自交系为材料，测定并分析其叶片水分利用效率（water use efficiency of leaf，LWUE），从中筛选出 LWUE 差异较大的 2 个自交系，以其作为亲本构建遗传群体。利用 SSR 和 ISSR 分子标记对杂交后代 F_2 单株进行分子标记分析，构建饱和的玉米遗传图谱。同时，将 F_2 群体套袋自交获得 $F_{2:3}$家系，在正常灌水（W）和中度水分胁迫（WS）下进行田间鉴定。根据试验结果，采用 Map QTL 4.0 软件的区间作图法对影响玉米 LWUE 的 QTL 进行初步定位与分析。同时，本试验还对玉米形态学、生理生化学及产量因子等共 26 个指标进行测定，分析玉米叶片 LWUE 与各指标间的相关关系，筛选出与玉米 LWUE 关系较为密切的性状指标，并对影响这些指标的 QTL 进行初步的定位与分析。主要结果如下。

（1）本试验经过对不同水分条件下的 23 个玉米自交系 LWUE 的测定及分析，选择自交系 444 为高 LWUE 的亲本，自交系 Mo17 为低 LWUE 的亲本，以它们为亲本杂交产生 F_1代，F_1代套袋自交获得 190 个 F_2 单株，以 F_2 代为作图群体构建玉米遗传图谱，F_2 代套袋自交得到 190 个 $F_{2:3}$代家系种子，以 $F_{2:3}$代家系群体作为 QTL 定位分析群体，进行玉米叶片水分利用效率及其相关性状的 QTL 定位与分析。

（2）本试验经过相关分析，筛选出与玉米 LWUE 具有显著或极显著相关的指标 14 个：生理指标 4 个，分别为 P_n、T_r、G_s 和 C_i；叶绿素 a 荧光参数 3 个，分别为 F_0、F_v/F_m 和 F_v/F_0；农艺性状 3 个，分别为 EH、TBN 和 ASI；产量形成因子 4 个，分别为

① 硕博连读。导师：高聚林教授。

论文提交日期：2010 年 4 月。

EKW、ERN、EKN 和 BTL。这些性状的选择为育种工作者选育高水分利用效率玉米品种提供了形态学以及生理学水平的理论基础。

（3）构建了由 181 个分子标记（144 个 SSR 标记和 37 个 ISSR 标记）组成的玉米饱和的分子遗传图谱。图谱全长 1 442.0 厘米，标记间平均遗传距离为 8.0 厘米，标记之间平均遗传距离小于 1 厘米的，标记间最大遗传距离是 32.0 厘米。

（4）在构建了玉米遗传连锁图谱的基础上，本试验以 $F_{2:3}$代家系作为遗传分析群体，采用 Map QTL 4.0 软件，使用区间作图法，对正常灌水和中度水分胁迫下的玉米 LWUE 及相关性状进行初步的 QTL 定位及效应分析。共检测到 60 个 QTLs，分布于玉米 10 条染色体上，其中第 1 条染色体最多有 9 个 QTLs，第 2、5 和 10 条染色体有 6 个 QTLs，第 3 和 8 染色体有 8 个 QTLs，第 4 条染色体有 7 个 QTLs，第 6 条染色体有 4 个 QTLs，第 7 和 9 染色体最少有 3 个 QTLs，LOD 值范围为 2.8～5.65，单个 QTL 的贡献率为 6.9%～34.2%。

（5）在正常灌水条件下，控制玉米 LWUE 的 QTLs2 个，控制玉米 P_n 的 QTLs3 个，控制玉米 T_r 的 QTLs3 个，控制玉米 G_s 的 QTLs3 个，控制玉米 C_i 的 QTLs2 个，控制玉米 F_0 的 QTLs1 个，控制玉米 F_v/F_m 的 QTLs1 个，控制玉米 F_v/F_0 的 QTLs1 个，控制玉米 EH 的 QTLs3 个，控制玉米 TBN 的 QTLs3 个，控制玉米 ASI 的 QTLs2 个，控制玉米 EKW 的 QTLs3 个，控制玉米 ERN 的 QTLs1 个，控制玉米 EKN 的 QTLs3 个，控制玉米 BTL 的 QTLs2 个。

（6）在中度水分胁迫条件下，控制玉米 LWUE 的 QTLs3 个，控制玉米 P_n 的 QTLs2 个，控制玉米 T_r 的 QTLs1 个，控制玉米 G_s 的 QTLs1 个，控制玉米 C_i 的 QTLs1 个，控制玉米 F_0 的 QTLs2 个，控制玉米 F_v/F_m 的 QTLs2 个，控制玉米 F_v/F_0 的 QTLs2 个，控制玉米 EH 的 QTLs1 个，控制玉米 TBN 的 QTLs2 个，控制玉米 ASI 的 QTLs3 个，控制玉米 EKW 的 QTLs2 个，控制玉米 ERN 的 QTLs1 个，控制玉米 EKN 的 QTLs2 个，控制玉米 BTL 的 QTLs2 个。

关键词： 玉米；叶片水分利用效率；相关性状；QTL 定位

向日葵产质量形成及农艺调控机理

胡树平[①]（2007—2011）

内蒙古自治区具有种植向日葵的地域优势和良好的发展前景，对于农牧民增收和调整种植结构具有积极的现实意义，但目前向日葵栽培技术的研究还不够系统和深入，制约着向日葵生产的健康、可持续发展。因此，系统研究不同农艺措施下向日葵物质生产与产质量形成规律，可为向日葵大面积高产提供理论依据和技术支持。

通过 2008—2010 年连续三年试验，从群体结构与个体功能协同方面，对向日葵品种（系）的抗旱性、密度和播期对产质量的影响、氮磷钾需肥规律、减源疏库对产质量的影响等进行了较为系统的研究，优化集成了向日葵高产栽培模式，并对集成模式进行了评价，提出了向日葵高产栽培技术指标体系。主要研究结果下。

搜集 30 个油葵品种（系）、25 个食葵品种（系），采用 PEG6000 进行模拟干旱胁迫处理，测定向日葵叶片 REC、RWC、SOD、POD、CAT、Pro，分别运用隶属函数及聚类分析进行分类，将向日葵抗旱性分为强抗（油葵 5 个，食葵 0 个）、抗旱（油葵 13 个，食葵 15 个）、中抗（油葵 9 个，食葵 8 个）、弱抗（油葵 3 个，食葵 2 个），两种方法相同程度分别为油葵 76.67%、食葵 92.00%。

合理密植是提高作物产量的途径之一，食葵品种适宜密度为 43 500～45 000 株/公顷，油葵适宜密度为 61 500～63 000 株/公顷。

向日葵开花期如遇阴天降雨，将影响授粉，降低结实率。播期适当推迟可使向日葵开花期避开当地降水集中期，增加了结实率。同时，也减轻了向日葵菌核病的危害。内蒙古向日葵品种适宜播期为 5 月 20～30 日。

扩库强源使源库关系达到协调增益是实现高产的物质基础。减源疏库对向日葵产质量均产生不同程度的影响，叶源减少一半，油葵产量降低 37.56%、食葵产量降低 44.55%；籽实库减少一半，油葵产量降低 21.20%、食葵产量降低了 23.43%；分层减源中，食葵去倒 1～5 叶、油葵去倒 6～10 叶减产最大。研究表明，向日葵属源限制型作物。

生产 100 千克籽实吸收养分量，食葵为 N 5.25 千克、P_2O_5 2.42 千克、K_2O 5.01 千克；油葵为 N 5.18 千克、P_2O_5 2.23 千克、K_2O 4.92 千克。

依据品种、播期、密度、需肥特性等试验结果进行技术集成，并对其从干物质积累与分配、叶面积消长、光合特性、根系生长特性等群体结构、个体生理功能与农户模式的差异进行比较评价，表现出技术集成模式的群体结构与个体发育更趋协调。结果表明：采用

① 导师：高聚林教授。

论文提交日期：2011 年 4 月。

集成模式的油葵、食葵分别较农户模式增产 18.58%、23.28%；可见，在当前向日葵生产中，每亩增加种植密度 1 000 株左右，并适度增加氮磷肥，补施钾肥，是提高向日葵单产的有效途径。向日葵单株及群体干物质积累符合典型的 S 形生长曲线，出苗后 54 天内为指数增长阶段，54～75 天为直线增长阶段，75～110 天为缓慢增长阶段。集成模式在直线增长期分别多积累 133.8 克/平方米、61.37 克/平方米。集成模式向日葵群体叶面积指数高于农户模式，食葵 LAI 峰值为 6.50，高出 1.29；油葵 LAI 峰值为 7.02，高出 0.83。表明集成模式植株叶片在籽实灌浆期保绿性较高，衰老缓慢，能更多地积累光合产物。

向日葵根系干重积累符合逻辑斯蒂积累方程，直线增长期为出苗后 48～61 天，为现蕾期（地上部为开花期），最大速率出现的时间为出苗后 51 天，苗期为指数增长时期，开花期后为缓慢增长期。两种模式比较，集成模式是通过增加积累速率和延长积累时间实现根系干物质积累的增加。

空间结构方面，向日葵根系主要分布在垂直 0～20 厘米范围内，干重占总干重 90%左右。由于集成模式密度大，水平方向受限，20 厘米以下所占比例高于农户模式，具有下扎的趋势，有效地利用了土壤的空间。

建立了向日葵高产“群体结构和个体功能协同增益”的理论模式，即通过适当增加密度以补偿群体的结构性增产，通过合理肥水运筹，增强个体的生理功能，达到产量构成因素的协同，由此制订向日葵目标产量 4 500 千克/公顷基本量化指标体系。群体结构与功能指标：向日葵实现 4 500 千克/公顷的产量，其生物量应大于 15 000 千克/公顷；食葵 LAI_{max}应大于 5.28，成熟期 LAI 不小于 1.48；油葵 LAI_{max}应大于 7.02，成熟期不小于 1.96。

产量构成指标：食葵为有效花盘数 45 000 盘/公顷，结实率 65%，单盘饱粒数 650 粒，单盘粒重 100 克，百粒重 15 克以上；油葵为有效花盘数 60 000 盘/公顷，结实率 90%，单盘饱粒数 1 150 粒，单盘重 75 克，百粒重 6.5 克以上。

关键词：向日葵；群体特征；个体发育；技术模式；指标体系

超高产春玉米根冠特性及钾素养分调控效应的研究

张玉芹[1]（2008—2011）

在玉米消费持续增长，玉米种植面积增加有限的形势下，要保障玉米的供需平衡，只能依靠进一步提高单产来实现。超高产技术的研究对进一步提升玉米单产水平具有重要的推动作用。2009—2010年，在内蒙古玉米主产区西辽河平原灌区选用金山27为供试材料，以普通高产栽培为对照（CK），系统研究了超高产栽培（SHY）下春玉米的根冠结构、功能特性和钾素养分的调控效应。主要结果如下。

（1）超高产栽培实现了春玉米群体结构与个体功能的协同增益。超高产春玉米群体叶面积指数最大值为7.42（2009年）和7.87（2010年）；在棒三叶及棒三叶以上叶增幅明显，较对照增加了26.4%（2009年）和21.6%（2010年）；LAI⩾5的持续天数较对照延长12天，达72天（2009年）和74天（2010年）。超高产栽培下春玉米较对照叶倾角小，叶向值大，尤以棒三叶及其以上叶明显，群体受光态势良好。在吐丝后40天内，SOD和POD活性高于对照，MDA含量低于低，叶片衰老缓慢，单株净光合速率较高。群体光合势在吐丝期—乳熟期较对照增加20.7%（2009年）和12.0%（2010年），乳熟期—完熟期增加34.2%（2009年）和34.3%（2010年）。

（2）超高产栽培提高了春玉米物质积累能力，尤以吐丝后明显，促进物质积累与分配相互协调。超高产春玉米干物质积累速率较对照提高10.7%（2009年）和11.1%（2010年），最大积累速率持续的时间较对照长2～4天。吐丝后干物质积累量较对照提高14.4%（2009年）和11.2%（2010年），吐丝后物质积累对籽粒贡献率较对照提高2.9%（2009年）和3.1%（2010年）。超高产春玉米叶转运率较对照低2.4%（2009年）和5.9%（2010年）；茎转运率较对照低3.2%（2009年）和3.6%（2010年），但成熟期籽粒分配比例较对照高，经济系数达0.54。

（3）超高产栽培促进春玉米下层根系发生，生育后期保持较高的生理活性。超高产春玉米0～20厘米土层根重所占比例低于对照，40厘米以下各土层根重所占比例均高于对照，最大根幅下移，下层土壤根条数增加，且随土层深度增加明显。吐丝期40厘米以下土层根系活力均高于对照，乳熟期0～20厘米土层根系活力与对照接近，20厘米以下各土层根系活力均高于对照。根系SOD和POD酶活性在吐丝期和乳熟期各土层超高产栽培均高于对照，而MDA酶活性低于对照。

---

① 导师：高聚林教授、杨恒山教授。
论文提交日期：2011年4月。

（4）超高产栽培增强了吐丝后养分吸收和转运能力。超高产春玉米吐丝后 N 吸收量占生育期总吸收量的比例较对照高 11.5%（2009 年）和 11.6%（2010 年），P 吸收量的比例较对照高 15.9%（2009 年）和 16.7%（2010 年），K 吸收量的比例较对照高 16.5%（2009 年）和 10.0%（2010 年）。吐丝后 N 积累对籽粒贡献率较对照高 25.6%（2009 年）和 11.4 %（2010 年），P 较对照高 25.6 %（2009 年）和 8.4%（2010 年），K 较对照高 10.9%（2009 年）和 10.0%（2010 年）。超高产栽培 N 茎叶总转运率较对照高 17.3%（2009 年）和 13.5%（2010 年），P 茎叶总转运率较对照高 4.0%（2009 年）和 8.3%（2010 年），K 茎叶总转运率较对照高 2.2%（2009 年）和 4.0%（2010 年），N、P、K 的收获指数均高于对照。

（5）超高产条件下，增加钾肥用量和钾肥后移对产量影响未达显著水平，对春玉米增强抗倒性和延缓衰老有促进作用。增施钾肥可提高吐丝后干物质对产量的贡献和茎转运量，促进植株养分吸收和茎中养分转运。钾肥后移较不后移吐丝后物质积累及转运率均下降。

关键词： 春玉米；超高产；冠层结构；生理特性；根系特征；钾素调控

不同基因型玉米对盐、碱胁迫响应特征比较及钙、硅调控机理研究

李佐同[①]（2008—2011）

为了探讨不同基因型玉米及玉米不同生育时期对盐胁迫和碱胁迫响应特征的差异，及钙和硅对不同基因型玉米耐盐、碱胁迫的调节作用，本研究以东北盐碱地主要致害成分NaCl、Na_2SO_4、Na_2CO_3、$NaHCO_3$为胁迫因子，对四种单盐胁迫进行系统的对比研究，同时研究了外源钙和硅对四种单盐胁迫的缓解效应。为最终阐明天然盐碱混合胁迫的作用机制及盐碱地的改良提供参考。主要研究结果如下。

本研究选用黑龙江省不同玉米生态区主栽的24个玉米杂交种，通过萌芽期耐盐性试验、苗期水培试验和池栽试验对不同基因型玉米的耐盐性进行筛选鉴定。结果表明，随着NaCl浓度增加，相对发芽势和相对发芽率均逐渐下降，不同基因型间差异较大。池栽试验表明不同基因型玉米耐盐指数存在明显差异。

以耐盐性不同的两个玉米基因型为材料进行不同浓度NaCl、$NaHCO_3$、Na_2SO_4和Na_2CO_3胁迫试验，结果表明，相同钠离子浓度下四种盐的胁迫强度表现为$NaHCO_3$＞Na_2CO_3＞NaCl＞Na_2SO_4。盐碱胁迫下，盐碱敏感型玉米长丰1号叶片和根系中O_2^-产生速率和H_2O_2含量均大于耐盐碱型玉米德美亚1号，且中性盐胁迫下O_2^-产生速率和H_2O_2含量小于碱性盐胁迫。不同基因型玉米耐盐性强弱与SOD、CAT、POD活性的高低并无直接的关系，差别在于其对盐碱胁迫的敏感和耐受程度。本研究中盐碱胁迫下净光合速率下降，起主导作用的因素是气孔的关闭，即气孔限制了CO_2向叶绿体输送。玉米幼苗在浓度较低的盐碱胁迫下叶片和根系中可溶性糖、脯氨酸和可溶性蛋白含量增加，高浓度盐碱胁迫下可溶性糖和可溶性蛋白含量降低，根系下降幅度大于叶片，可能是高盐碱胁迫下抑制了叶片中可溶性糖向根系运输，同时可溶性蛋白合成受到抑制，两种基因型玉米反应一致，差别在于对盐碱浓度的敏感性不同，使德美亚1号可溶性糖和可溶性蛋白含量下降的盐碱浓度大于长丰1号，说明德美亚1号在盐碱胁迫下能更好地调节自身的代谢来适应环境的变化。

对两种基因型玉米分别在苗期、拔节期、抽雄期和灌浆期以及全生育期进行四种盐碱胁迫比较，结果表明玉米不同生育时期耐盐性存在差异，在不同生育时期表现出的耐盐碱性差异有其各自的生理特性。本研究中玉米在拔节期和抽雄期耐盐碱性较差，这两个时期保护酶活性比较敏感，对盐碱胁迫的耐受程度降低，植株易受到膜质过氧化的伤害，而且

① 导师：高聚林教授。
论文提交日期：2011年9月。

这两个时期盐碱胁迫下对植株内可溶性糖、脯氨酸和可溶性蛋白含量影响最大，渗透调节物质最容易受到外界环境的影响。灌浆期保护酶活性对盐碱的敏感性最低，最耐盐碱。苗期比较耐盐碱，从各项测定指标看，尽管苗期盐碱胁迫导致两种基因型玉米 MDA 含量在苗期大幅度增加，净光合速率下降，但随着生育进程的推进以后几个测定时期影响逐减少。各个测定时期均表现为中性盐胁迫效应小于碱性盐胁迫效应。不同生育时期盐碱胁迫均导致玉米产量下降，而在相同盐碱胁迫水平下，发生在作物的不同生育时段，引起的减产程度不一样。全生育期胁迫下产量最低，玉米拔节期和抽雄期胁迫产量降低幅度较大，产量下降的主要原因是穗粒数降低。综合分析玉米各时期对盐碱胁迫的敏感性表现为：拔节期＞抽雄期＞苗期＞灌浆期。

四种盐碱胁迫下分别添加不同浓度钙和硅，结果表明钙和硅对不同盐碱胁迫造成的伤害均有一定的缓解作用，主要可以体现在几个方面：增加了盐胁迫和碱胁迫下玉米幼苗的干物质产量；稳定了盐碱胁迫下的细胞膜结构，适量的钙和硅均可降低盐胁迫下玉米幼苗的电解质渗漏率，增强叶片和根系中 SOD、CAT、POD 活性，活性氧清除能力增加，叶片和根系中的 MDA 含量降低。增强了玉米幼苗的渗透调节能力，通过促进盐胁迫和碱胁迫下玉米幼苗体内渗透调节物质的运输和分配，判断盐碱胁迫下植物渗透调节能力的大小应看其在叶片和根系中的分配情况，只有渗透调节物质在叶片和根系中合理分配时，植物的渗透调节能力增加。这可能是外源钙和硅提高玉米幼苗耐盐碱性的一个重要方面。

关键词：玉米；盐胁迫；碱胁迫；钙；硅

气候变化对内蒙古春玉米产量影响的研究

罗瑞林[①]（2008—2013）

本文研究了内蒙古气象因子的动态变化，分析了玉米实际单产量和气候生产力的变化趋势以及未来不同气候变化情景下升温和降水对玉米产量的影响；探讨了通过应用“3S”技术实现作物信息的快速收集和定量分析，以期为内蒙古玉米种植面积提取、生长发育监测和产量估算等提供便利手段。

1. 研究区域气候资源的变化特征　在内蒙古玉米主要种植区域选取 8 个代表性气象站点，对其近 50 年（1961—2010 年）温度和降水量变化趋势进行分析，并进行肯德尔检验（Mann-Kendall），计算其干燥度指数，分析了温度、降水量和玉米生长发育相关性及其对玉米产量的影响，结果如下。

（1）近 50 年来，内蒙古玉米种植区域气温呈上升趋势，气温突变发生在 20 世纪80～90 年代。从 1961—2010 年，东部区年平均温度的变化幅度在 2～6℃，1969 年温度最低，年均气温是 2.32℃，2008 年温度最高，为 5.95℃；西部区年平均温度的变化幅度在 5～9℃，1968 年温度最低，年均气温是 5.39℃，1998 年最高温度，为 8.96℃。

（2）近 50 年来内蒙古降水量呈波动性变化，东、西部玉米种植区的降水量呈略减的变化趋势，东部区的降水量高于西部区。在东部区 1998 年是近 50 年降水量的最多年份，达 565 毫米；西部区降水量的最多年份在 2003 年，为 444 毫米。

（3）年均气温同玉米气候生产潜力相关系数较小，而年降水量和玉米产量的相关性明显高于温度，因而降水量与内蒙古春玉米生产的关系更为密切，在较为温暖的地区尤为明显。

2. 玉米种植区的气候生产潜力与实际生产力

（1）根据桑斯维特纪念模型（thornthwaite memorial model）的模拟值分析，内蒙古东、西部主要玉米种植区在雨养条件下的气候生产力波动性很大，趋势变化不明显，但东部区的气候生产力远远高于西部区。东部区气候生产力在 2001 年最低，为 5 151.3 千克/公顷，1998 年最高，为 8 186.2 千克/公顷；西部区气候生产力在 1965 年最低，为 2 902.2 千克/公顷，1961 年最高，为 7 692.4 千克/公顷。

（2）1991—2010 年，内蒙古东部区玉米单产量变化范围为 4 116～8 011 千克/公顷；西部区玉米单产量变化范围为 5 463～12 727 千克/公顷。到 2010 年，通辽市玉米种植面

① 导师：高聚林教授。
论文提交日期：2013 年 6 月。

积占全区种植面积的26.9%，总产量占全区总产量的29.8%，单产量为6 529.6千克/公顷，是内蒙古玉米的最大产区。

3. 内蒙古未来气候变化情景（special report on emissions scenarios，SRES）及其对玉米生产的可能影响 21世纪，在B1、A1B和A2三种气候变化情景下，内蒙古不同年代的年平均气温都在增加，除海拉尔在B2情景下比基准值降低0.17℃外，其余区域在3种情景下都比基准值升高0.77～3.01℃，且西部区增温明显高于东部区。

与温度变化模拟的结果相比，降水的变化比较复杂，不同的排放情景下差别很大。21世纪内蒙古东、西部区的降水量呈波动性变化，但总体上都将增加，其中东部区明显高于西部区，相对于基准值（1971—2000年），年降水量表现为：A2（高排放）＞A1B（中等排放）＞B1（低排放）。

4. 遥感估产模型的建立 初步尝试通过"3S"技术，对玉米试验田进行了遥感估产，结果表明预测产量和实测产量误差为0.30%～4.10%，估产的精准度非常高，说明了作物信息快速收集和定量分析的有效性，可为玉米种植面积的遥感提取和产量估算提供便利手段，对内蒙古玉米种植业发展有重要的指导意义。

关键词： 气候变化；干燥度指数；桑斯维特纪念模型；气候变化情景；遥感

葵花籽粕中绿原酸和蛋白酶解肽的制备及生物活性研究

赵涛[①]（2008—2013）

葵花籽榨取油脂后的籽粕中含有丰富的绿原酸和蛋白质。绿原酸是一种非常好的抗氧化剂，葵花籽粕蛋白因其氨基酸含量丰富且平衡良好、生物利用率高和无抗营养因子而被作为植物蛋白的重要来源，也是获得生物活性肽的很好资源。目前，对葵花籽粕中绿原酸和蛋白质、葵花籽多肽生物活性方面的深入研究报道相对较少。本文以葵花籽粕为研究对象，采用响应面设计、抗氧化试验、生物酶解、凝胶色谱、高效液相色谱、质谱等方法，系统研究了葵花籽粕中绿原酸和蛋白质的提取工艺条件及理化性质、蛋白质酶解工艺的各主要参数、酶解物体外抗氧化活性和对血管紧张素Ⅰ转换酶（ACE）的抑制作用、抗氧化肽和降血压肽分离和结构的初步鉴定，为开发利用葵花籽粕中绿原酸和蛋白质及其抗氧化肽、降血压肽功能性产品提供理论基础。主要结果如下。

（1）葵花籽粕中绿原酸提取的优化工艺条件：乙醇浓度为75%、料液比为1∶14、温度为40℃、pH为4.9、提取99分钟，萃取率达到了64.73%，其抗氧化能力在同等剂量的条件下，其还原力和对自由基的清除能力都高于维生素C。

葵花籽粕中球蛋白提取的最佳工艺条件为：料液1∶12，提取液浓度1摩尔/升，温度50℃，时间1.5小时。葵花籽粕球蛋白功能性质除吸水性低于大豆分离蛋白外，其吸油性、起泡性、起泡稳定性、乳化性和乳化稳定性都高于大豆分离蛋白，并且是一个全价蛋白。

（2）以葵花籽粕球蛋白为底物，筛选出制备抗氧化活性肽的酶是碱性蛋白酶和木瓜蛋白酶；制备降血压活性肽的酶是中性蛋白酶。在各自单因素试验的基础上，采用响应面设计进行了试验优化，结合各因素、各因素对响应值的影响顺序以及综合考虑到成本问题，确定了各自最佳酶解条件。其中，碱性蛋白酶底物浓度为2%，pH为9.64，[E]/[S] 3%，温度为51.31℃，时间为115.4分钟，该条件下制备的葵花籽粕球蛋白酶解物的DPPH清除率为50.85%。

木瓜蛋白酶的最优酶解条件为：底物浓度为3%，pH为6.5，[E]/[S] 5.54%，温度为61.02℃，时间为116.39分钟，该条件下制备的葵花籽粕球蛋白酶解物的DPPH清除率为73.11%。

中性蛋白酶底物浓度4%，[E]/[S] 2.72%，温度52℃，pH7.0，水解时间为90

① 导师：高聚林教授。

论文提交日期：2013年6月。

分钟，该条件下制备的葵花籽粕球蛋白酶解物的 ACE 抑制率为 61.55%，其半抑制浓度为 0.45 毫克/毫升。

（3）木瓜蛋白酶和碱性蛋白酶酶解物在 5 种体外抗氧化体系中均表现出较强的抗氧化活性。对·OH、O_2^{-}·、DPPH·清除作用以及还原能力均与浓度呈量效关系，IC_{50} 分别为 5.7 毫克/毫升、2.5 毫克/毫升、1.5 毫克/毫升左右，能明显抑制大豆卵磷脂的脂质过氧化和豆油的氧化作用，随着添加量的增加，其抗氧化效果越来越明显。

（4）凝胶色谱、液相色谱能很好地分离提纯活性较强的酶解物，质谱能进一步确定分子量及初步结构。中性蛋白酶酶解物峰 2 的分子量为 1 114.5，推测其氨基酸序列为 DLWLRLDPS（Asp-Leu-Trp-Leu-Arg-Leu-Asp-Pro-Ser），中性蛋白酶峰 3 的分子量为 1 114.6，推测其氨基酸序列为 DLPWPFRSP（Asp-Leu-Pro-Trp-Pro-Phe-Arg-Ser-Pro）；木瓜蛋白酶酶解物峰 2 的分子量是 1 261.6，推测其氨基酸序列为 FDIVKADNVGPS（Phe-Asp-Ile-Val-Lys-Ala-Asp-Asn-Val-Gly-Pro-Ser）；碱性蛋白酶的分子量为 1 038.5，推测氨基酸序列为 RHAKTPSNK（Arg-His-Ala-Lys-Thr-Pro-Ser-Asn-Lys）。

关键词：葵花籽粕；绿原酸；球蛋白；酶解物；抗氧化肽；降血压肽

不同肥密及硅肥对黑龙江春小麦产量与品质形成的调控效应

于立河[①]（2009—2012）

近年来，黑龙江省小麦生产中面积逐渐下降，全省不足600万亩，主要原因是品质较差、产量不高而导致的比较效益低，出现了播种量过大、施肥量过大等原因引起的倒伏、减产，以及小麦品质下降等问题。本研究为探讨位于高纬度的黑龙江省春小麦保优高产群体的调控途径，对比研究了生产上的不耐密（龙麦26）和耐密（克旱16）两个主栽春小麦品种，在施用化肥总量（纯量，N：P：K＝1：1.1：0.5）105千克/公顷、180千克/公顷和225千克/公顷三个水平下，采用300万～900万株/公顷的不同群体密度，以及施用硅肥（纯量为15～75千克/公顷）对春小麦产量品质形成的影响。研究了不同施肥处理及不同肥密群体的光合特性和光合产物分配特点；器官水平的物质积累动态，以及氮磷钾大量元素的吸收和利用效率；从光合、衰老生理角度分析了产量和品质的形成过程及相互关系；最终进一步明晰了施肥和群体密度对黑龙江春小麦产量和加工品质的影响。结果如下。

（1）随群体密度的增加，叶面积指数高峰提前，由非气孔限制增加而引起的净光合速率的先降后增，各器官光合分配指数和干重均降低，最终导致根冠比下降；而增加施肥量，可通过降低气孔限制，而提高净光合速率，提高光合茎叶分配指数，而促进物质积累；不同基因型品种表现不同：与不耐密品种相比，耐密品种具有更大的根、叶光合分配指数，能在生育前期快速建成光合组织，并减缓了生育后期茎叶的早衰。

（2）群体密度的增加限制了小麦氮磷钾吸收与积累分配，降低了氮素农学效率，但提高了氮磷钾的生产效率和氮素收获指数；增加施肥量可通过提高钾的吸收与积累，而提高了茎叶的氮转移效率和氮素农学效率，并增加各器官的氮磷钾积累量，但施肥量的增加降低了氮素收获指数。

（3）高密度群体保障了耐密品种的收获穗数，进而获得较高的产量，而不耐密品种在高密度群体下收获穗数减少，单株产量显著降低，造成减产；增加施肥量可改善植株碳氮比，延缓籽粒形成阶段的叶片衰老，提高光合产物分配效率，通过提高耐密品种的穗粒数和不耐密品种的千粒重而增加产量。

（4）群体密度的增加，造成了叶片蒸腾速率的降低和可溶性糖的积累，叶片的衰老导致籽粒形成期的碳氮比失调，碳代谢加强，氮代谢减弱，千粒重增加，而穗粒数与籽粒的

① 导师：高聚林教授。

论文提交日期：2012年9月。

容重、面筋质量降低，直接导致面粉的粉质特性和面团拉伸特性变劣。而施肥量的增加可有效缓解高密度群体对籽粒品质和加工品质形成的不利影响

（5）基施硅肥增加了群体光合面积，60 千克/公顷（SiO_2）以下，可明显改善叶片非气孔限制因素，提高叶片的光合速率，尤其是增加了花期以前群体的光合速率，提高了营养器官的光合分配指数与物质积累，而超过 60 千克/公顷叶片的气孔导度和水分利用效率降低，花期以后耐密品种的光合产物向产量器官的运输效率下降。通过上述研究，形成了以合理群体密度和施肥量为主要技术的黑龙江省小麦生产“早窄密”高产栽培模式，并在生产中应用，获得了良好成效。

（6）基施硅肥促进了植株对氮磷钾元素的协同吸收与积累，不同程度地提高了氮磷钾元素的生产效率。但在不同类型品种上也存在器官水平的营养元素拮抗吸收与积累，尤其是降低了茎叶的氮素转移效率，而引起氮素收获指数的降低。

（7）基施硅肥促进了开花后叶片的光合碳同化，提高结实率与穗粒重，增加了耐密品种的收获穗数；同步提高了不耐密品种的花后源器官的氮代谢效率，改善了籽粒面筋质量，增加了面粉吸水率与面团断裂时间，增大了拉伸阻力和拉伸比例，但对耐密品种的品质影响较小。

（8）通过同源序列分析的方法在小麦全基因组上分离鉴定了 4 个与水稻硅转运基因高度同源蛋白所在家族成员，因其具有典型的 Nod26-like 内嵌蛋白保守结构域，该类具有 464 个螺旋状跨膜结构，分别命名为 *TaNIP2-1*、*TaNIP2-2*、*TaNIP4-1* 和 *TaNIP1-1*。系统进化分析表明，除小麦 *TaNIP1-1* 蛋白被划为第一亚组 *NIP Ⅰ* 外，其余 3 个 *TaNIP* 家族成员均被划归到第二亚组 *NIPⅡ*。

通过小麦不同组织和器官的 qPCR 表达结合小麦 ESTs 表达序列分析，表明小麦 *NIP* 基因按表达的部位可分成两类：其一为主要在花和花序中表达的，包括 *TaNIP1-1* 和 *TaNIP4-1*；其二主要在根和茎中大量表达的，包括 *TaNIP2-1* 和 *TaNIP2-2*。

通过分析外施不同浓度硅对小麦株高、地上干重、地下干重和叶片中硅含量的影响，表明硅影响小麦的株高和地上干重，叶片中硅的累积与表型无明显相关性，而且外源施用不同浓度硅对小麦根部 *TaNIP2-1* 和 *TaNIP2-2* 基因的表达影响不大，其表达与叶片中硅的累积无明显相关性。

关键词： 小麦；密度；施肥量；硅肥；产量；品质；基因同源性

磷肥运筹对超高产春玉米生理特性、物质生产及磷效率的影响

范秀艳[①]（2009—2013）

目前，我国玉米超高产挖潜中，多是在深松打破犁底层、密植和高肥水条件下实现的，但出现深松后根系下移和大量施肥后表层土壤磷素富集不匹配的矛盾，分层施磷和磷肥与氮、钾肥配施已成为解决磷肥利用效率低并实现超高产高效的关键措施。2010—2011年，在内蒙古西辽河平原以金山27为供试品种，研究了磷肥下移和磷肥与氮、钾肥配施对超高产春玉米生理特性、物质生产和磷效率的影响。试验主要结果如下。

（1）分层施磷春玉米的叶面积指数均高于同水平传统施磷，且在完熟期差异较为明显；吐丝期至完熟期分层施磷LAI下降58.1%～69.7%，传统施磷下降64.9%～78.7%。分层施磷春玉米较传统施磷叶倾角小，叶向值大，且中、上层差异较明显。吐丝后叶片SOD和POD活性均表现为分层施磷高于传统施磷，MDA含量低于传统施磷，分层施磷叶片衰老缓慢，净光合速率高。冠层光合能力和群体光合势均表现为随施磷量的增加而增加，同一施磷水平下，分层施磷高于传统施磷。

（2）同一施磷水平下，分层施磷干物质积累量高于传统施磷，分层施磷最大干物质积累速率较传统施磷高5.5%～10.3%。开花前干物质积累对籽粒贡献率分层施磷高于传统施磷，开花后低于传统施磷。叶、茎鞘和穗部营养体干物质向籽粒的转运量分层施磷均高于传统施磷，叶和茎鞘干物质转运对籽粒的贡献率总体表现为分层施磷低于传统施磷，穗部营养体则相反。分层施磷与传统施磷的干物质转运率均表现为叶＞穗部营养体＞茎鞘，转运对籽粒的贡献率均表现为叶＞茎鞘＞穗部营养体。

（3）根重，40～60厘米土层根幅及根系活力均随施磷量的增加而增加，根系SOD和POD活性随施磷量的增加而提高，MDA含量则随施磷量的提高而降低。同一施磷水平下，分层施磷不仅能促进春玉米根重的增加和下层土壤中根条数的增多；同时能延缓生育后期不同土层中根系活力下降，提高根系SOD和POD活性，降低MDA含量。

（4）同一施磷水平下，分层施磷较传统施磷植株磷含量和磷积累量均有不同程度的提高，在完熟期差异均达到显著水平；不同施磷方式间茎鞘、叶片、穗部营养体各生育时期磷含量和磷积累量差异多数不显著，但完熟期籽粒磷含量和磷积累量分层施磷均显著高于传统施磷；同一施磷水平下，叶片、茎鞘和穗部营养体中磷素的转运量均表现为分层施磷高于传统施磷；转运率及对籽粒贡献率差异的规律性不明显；磷素生理效率和磷素利用效

① 导师：高聚林教授、杨恒山教授。

论文提交日期：2013年6月。

率分层施磷均显著低于传统施磷，磷收获指数、磷肥效率为分层施磷高于传统施磷。

（5）磷肥与氮、钾肥配施能提高春玉米物质生产能力，完熟期NPK、PN、PK处理较P处理产量分别增加29.0%、18.0%和4.0%，干物质积累速率分别增加14.3%、19.0%和0.2%，完熟期干物质积累量增加19.4%、13.3%和9.1%。花后干物质积累量、茎鞘和叶片干物质转运量均表现为PNK＞PN＞PK＞P＞CK。磷肥与氮、钾肥配施茎叶总转运率NPK、PN、PK处理较P处理分别增加13.8%、7.6%和8.0%。

（6）磷肥与氮、钾肥配施增强了花后春玉米养分吸收和转运能力。各生育期植株磷素积累量大小顺序均为PNK＞PN＞PK＞P＞CK，完熟期PNK、PN和PK处理较P处理分别高70.6%、43.3%和23.0%；开花后植株磷总转运率较CK低2.0%～9.4%，磷转运对籽粒的贡献率较CK低1.8%～27.2%。磷肥与氮、钾肥配施磷素生理效率、磷素利用效率降低，磷素收获指数PNK、PN、PK处理较P处理分别增加了9.3%、6.8%和7.4%。磷肥吸收效率、利用效率、偏生产力和磷肥利用率大小均为PNK＞PN＞PK＞P。

（7）超高产玉米生育后期维持较强的磷吸收能力。吐丝后植株磷含量、磷吸收速率和吸收量均显著高于高产玉米，而磷转运率及其转运对籽粒的贡献率低于高产栽培，磷素收获指数高于高产栽培。

关键词：春玉米；超高产；磷肥运筹；生理特性；物质生产；磷效率

玉米氮效率特性及评价指标的研究

崔文芳①（2009—2014）

玉米作为我国第一大作物，超高产纪录不断刷新，但高产与高效不能同步实现的矛盾日益突出。因此，在不断突破单产的同时，实现肥料资源的高效利用是同时实现高产高效的关键。本研究以试验筛选出的氮高效与氮低效自交系及测配的杂交组合及超高产杂交种为研究对象，分析了自交系与杂交组合亲本间氮效率的遗传特性，筛选出高产氮高效自交系和强优势组合；明确了提高杂交组合产量与氮效率的关键因素；明确了氮高效型杂交种的碳氮积累特性、穗三叶特性并建立了氮高效利用评价指标体系，得到以下主要研究结果。

（1）以耐低氮胁迫指数和高氮下产量为依据，筛选出 3 个高效型品种：郑单 958、金山 27、郑单 17；采用相同方法筛选出高效型自交系 6 个：黄 C、478、郑 58、四 387、PH6WC、Mo17；高效型组合 4 个：黄 C×Mo17、郑 58×178、四 387×昌 7-2、K12×PH6WC。综合杂交组合的氮效率类型、配合力及杂种优势表现，筛选出优势组合 3 个：郑 58×178、吉 853×昌 7-2、444×昌 7-2。

（2）以自交系及测配的杂交组合为材料，明确了亲本与组合间氮效率相关指标的遗传特性及亲子相关性。不论是否施氮，穗三叶含氮量均是重要的筛选指标，其狭义遗传力属高度遗传力，且与母本相关显著。此外，不施氮时，完熟期全株总氮也是重要的筛选指标，施氮后，籽粒含氮量也是重要的筛选指标。亲子相关分析表明，培育低氮高效基因型时，选择吐丝期叶绿素 SPAD 值高的亲本做父本，而穗三叶含氮量、完熟期全株总氮、籽粒含氮量高的亲本做母本，能更有效地配制出氮高效组合。培育高氮高效基因型时，选择灌浆叶绿素 SPAD、穗三叶含氮量、完熟期全株总氮高的亲本做母本，而吐丝期叶绿素 SPAD 高的亲本做父本，更能有效地配制出氮高效组合。

（3）增施氮肥有效增加了花后穗三叶含氮量和氮素转移量，延长了叶片光合功能期，提高了花后光合物质生产能力。高效型杂交种的光合速率、气孔导度、吐丝后 15 天穗三叶 NR 活性、可溶性蛋白含量、穗三叶的含氮量及转移量较杂交组合具有显著优势，而杂交组合叶绿素 SPAD 下降迅速，气孔导度低，导致光合速率低，高效型杂交种在生育后期更具有光合潜力，这是实现高产高效的关键，高效型杂交种与组合光合特性、氮素同化、氮积累与转移性质的差异，最终体现在产量(氮效率)上。

（4）不论是否施氮，高效型杂交种的花前、花后及植株氮积累量均较高，均以花前氮

---

① 导师：高聚林教授。

论文提交日期：2014 年 10 月。

积累为主，且籽粒、茎叶氮积累量均高于组合，花后根系吸收氮均是籽粒氮素的主要来源。不施氮时，组合与杂交种氮效率的差异在于吸收效率。杂交组合产量低的主要原因是粒数不足，粒重低，二者籽粒产量的差异主要在于花后光合作用积累，而组合光合作用显著低于杂交种，籽粒产量的差异主要在于花后光合碳量，植株氮积累的差异主要在于花后氮积累，籽粒氮来源的差异主要在于花后根系供氮量，高效型杂交种具有“后期高吸收”特性。施氮后，高效型杂交种与组合氮效率的差异主要在于吸收效率。组合产量低的主要原因之一是穗数少，粒数不足，粒重低。在高氮高效育种中，应在增加密度（亩穗数）的基础上注重对穗粒数、穗粒重的选择。组合的花前干物质转运和花后光合作用均显不足，二者籽粒产量的差异在于花前干物质转移与花后光合作用积累，植株氮积累的差异在于花前与花后氮积累，籽粒氮来源的差异在于花前氮转移量和花后根系供氮量，高效型杂交种籽粒氮素来源具有“前期高积累后期高吸收”特点。

（5）不论施氮与否，完熟期全株干重、吐丝期穗三叶含氮量、花前氮积累量、穗位叶光合速率、吐丝后 15 天穗三叶 NAR 均是重要的筛选指标，同时不施氮时籽粒含氮量也是重要的筛选指标。

关键词： 玉米；氮效率；遗传力；评价

玉米籽粒发育差异表达蛋白研究

石海波[①]（2009—2015）

玉米籽粒的发育过程就是玉米籽粒产量和品质形成的过程，其产生的蛋白质是基因表达的结果，参与籽粒性状的调控，研究籽粒发育差异表达蛋白，在蛋白质水平上揭示籽粒发育机理，对提高产量和品质的玉米育种和生理调控十分有意义。本文对 14 个玉米自交系籽粒发育差异表达蛋白进行了研究，主要研究结果如下。

（1）跟踪测定了 14 份骨干自交系籽粒发育过程中籽粒体积、籽粒鲜重、干物质以及淀粉、蛋白质、脂肪等产量品质指标，并绘制曲线。依据籽粒鲜重、体积以及干物质变化曲线，将供试材料籽粒发育时期划分为籽粒形成期、迅速增重期和成熟期。

（2）优化了玉米籽粒蛋白质双向电泳技术体系。通过对酚提取法、TCA/丙酮法和可溶性蛋白提取法三种不同蛋白质提取方法的蛋白质量及电泳效果的比较，得出了可溶性蛋白提取法得到的蛋白最适合玉米籽粒双向电泳研究。对上样量、等电聚焦时间等参数进行了调整。调整后各实验参数为：选用 24 厘米、pH 为 4～7 的 IPG 干胶条，上样量 900 微克，采取梯度升压的方式，总聚焦 80 000Vhs。

（3）建立了郑 58 和昌 7-2 以 6 天为时间间隔的玉米籽粒发育蛋白质双向电泳图谱。鉴定差异表达蛋白点 83 个。分析表明，苹果酸酶和醛缩酶等 11 个蛋白在两份材料籽粒发育过程中的表达规律相同，甘氨酸丰富蛋白等蛋白在两份材料籽粒发育过程中的表达规律不同。磷酸丙糖异构酶等 22 个蛋白在两材料全生育期表达，分泌蛋白等蛋白只在某一时期表达。

（4）鉴定了在供试 14 个玉米自交系籽粒形成期、迅速增重期和成熟期差异表达的蛋白质点 117 个。其中 116 个点得到有效鉴定，得到 51 个蛋白。其中 21 个蛋白存在多个点鉴定为同一蛋白的现象，最多有 20 个蛋白点鉴定为同一蛋白，少的有 2 个点为同一蛋白，其余 30 个蛋白具有专一的蛋白点。

（5）分析了 51 个蛋白在 14 份供试材料中的表达规律。按照差异表达蛋白在供试材料中高丰度表达的时期，差异表达蛋白可分为籽粒形成期特异表达蛋白、迅速增重期特异表达蛋白、成熟期特异表达蛋白、中早期、中晚期特异表达蛋白等。

（6）分析确定了影响玉米籽粒产量、品质指标的关键蛋白。通过对特异表达蛋白与籽粒产量性状和品质指标的关联分析，得出了与 6 个籽粒产量品质性状密切相关的蛋白 12 个：与籽粒脂肪含量综合关联度最高的是成熟期的假定的蛋白 ZEAMMB73-585316，关联

① 导师：高聚林教授。

论文提交日期：2015 年 12 月。

度值为 0.950 1，其次是籽粒形成期的推定的肌动蛋白家族蛋白。与籽粒蛋白含量综合关联度最高的是快速增重期的假定的蛋白 ZEAMMB73-585316，关联度值为 0.922 2，其次是成熟期的未描述的蛋白 LOC100272498。与籽粒淀粉含量综合关联度最高的是成熟期的甘氨酸丰富蛋白 1，关联度为 0.932 3，其次是快速增重期的球蛋白 2。与籽粒干物质量综合关联度最高的是快速增重期的丙氨酸转氨酶，关联度为 0.948 9，其次是快速增重期的磷酸丙糖异构酶。与百粒重综合关联度最高的是成熟期的 class Ⅳ 热激蛋白，关联度为 0.946 0，其次是快速增重期的磷酸丙糖异构酶。与百粒体积综合关联度最高的是快速增重期的丙氨酸转氨酶，关联度为 0.943 8，其次是快速增重期的磷酸丙糖异构酶。

（7）对鉴定的蛋白进行了 GO 注释和 Pathway 代谢通路分析，并对差异表达蛋白在玉米籽粒发育中可能的生物学功能进行了分类讨论分析。51 个蛋白参与了 19 个生物学途径，涉及 11 个细胞学组件，8 类分子功能。51 个蛋白中 33 个定位到 32 个生物代谢途径中。鉴定蛋白功能涉及籽粒发育、能量代谢、氨基酸代谢、蛋白合成与代谢、逆境与抗氧化衰老、储藏蛋白合成与积累、激素与信号转导、基因转录调节、防御相关蛋白、RNA 合成及细胞活性、基因表达调控等。

（8）初步探索了玉米籽粒发育机理：在籽粒形成期，细胞分裂旺盛，物质代谢以糖类和氨基酸合成代谢为主；在籽粒发育迅速增重期，能量代谢占据了主导地位，蛋白质合成以及氨基酸代谢也较旺盛，糖代谢、嘌呤代谢较旺盛，并持续到成熟，这一时期机体已经启动了逆境、防御以及抗氧化衰老机制，同时，一些参与发育过程调节、调控途径的未知、未描述或未命名的蛋白高丰度表达，直至成熟；在籽粒成熟期，营养物质大量积累，逆境、防御以及抗氧化衰老机制仍活跃，同时信号转导增强。

关键词： 玉米；籽粒发育；蛋白质组；双向电泳；MALDI-TOF/TOF 质谱分析；生物信息学分析

基于混合线性模型的油用向日葵农艺性状及产质量遗传研究

包海柱[①]（2010—2013）

本研究利用无血缘关系、具有丰富遗传背景的15个自交系，按照不完全双列杂交（NC designⅡ）方式，构建出包括亲本群体、F_1群体和F_2群体在内的共计64个遗传群体及交配体系，采用包括环境互作在内的加性-显性遗传模型（AD遗传模型）、加性-显性-母体遗传模型（ADM遗传模型）以及二倍体种子遗传模型，分析了油用向日葵的7个主要农艺性状、产量、含油率、亚油酸含量以及油酸含量的遗传规律、基因效应及特点；并利用多元条件分析方法，分析了农艺性状对产量、含油率的遗传贡献率。旨在为油用向日葵“三系”育种实践和目标性状的间接、直接选择提供依据；为自交系改良及杂种优势利用提供理论指导。本研究结果如下。

（1）所观测的7个农艺性状中，株高、茎粗、盘径、百粒重、籽仁率和单盘粒重6个农艺性状主要受加性效应和显性效应共同控制，但以加性遗传效应为主。在加性效应中，以单盘粒重的最高，籽仁率的最低；在显性效应中，籽仁率的显性效应最强，结实率的最低。结实率的遗传表现主要受控于加性效应和显性×环境互作；性状间的遗传相关性以加性遗传相关为主。

（2）单盘粒重、株高和百粒重对产量的遗传贡献大，贡献率在96.0%以上。产量效应的表达主要以显性效应(杂种优势)为主。多数杂交种的单盘粒重对其产量具有高水平的贡献值，单盘粒重的显性效应可作为杂交种产量的首选选择指标；株高、百粒重可作为杂交种显性效应的辅助选择性状。对提高杂交种产量而言，显性效应比加性效应更为重要。

（3）所观测的7个农艺性状对籽实含油率的遗传贡献程度有所不同。在加性贡献中，百粒重、盘径、单盘粒重和结实率的加性净遗传效应对籽实含油率的贡献率较大，其中以百粒重的加性贡献率最高为82.32%；在显性贡献中，最有利于通过杂种优势来提高籽实含油率的性状为结实率。在提高籽实含油率方面，农艺性状对含油率的加性贡献比非加性贡献更为重要，农艺性状与单位面积产油量以显性相关为主。

（4）油用向日葵在不同发育时期的地上干物质累积量，主要受等位基因的显性效应影响，出苗后40～70天和90～100天是显性效应基因的开启处于相对稳定、高水平表达时期，这两个时间段正好处于现蕾—开花和灌浆—生理成熟时期。因此，该时期是加强田间管理及水肥运筹调控的时期。特殊环境下，苗前期易受环境影响；地上干物质重的杂优表

① 导师：高聚林教授、马庆教授。

论文提交日期：2013年6月。

现以群体平均优势为主，也存在一定的超亲优势；在出苗50天内，群体平均优势和群体超亲优势表达明显，在此时段内干物质积累量对产量的显性效应贡献率最高。

（5）油用向日葵籽实含油率的遗传表现主要取决于显性遗传效应和母体遗传效应。开花20～25天时段是加性效应表达的高峰期；开花20～30天时段是显性微效多基因被激活及表达的活跃期，即杂优表现突出的时期；母体效应最活跃期为开花后的35～40天时段；在开花20天内（开花初期和中期），基因效应的表达易受到环境条件的影响。

（6）含油率、亚油酸含量、油酸含量同时受胚、细胞质及母体植株3套遗传体系基因的影响。含油率和亚油酸含量主要受控于细胞质效应和母体效应，油酸含量的遗传表现以细胞质互作效应为主。含油率、亚油酸含量的细胞质遗传率大于胚遗传率和母体遗传率；含油率、亚油酸含量和油酸含量之间的相关性以细胞质相关和母体相关为主，其中含油率、亚油酸含量与油酸含量呈负相关，含油率与亚油酸含量呈正相关；控制含油率和亚油酸含量的细胞质基因及母体显性基因存在基因连锁或一因多效。

关键词：油用向日葵；农艺性状；产量；品质性状

高寒地区玉米秸秆还田对土壤特性的影响及低温秸秆降解菌选育研究

萨如拉[①]（2010—2013）

本研究采用传统的土壤微生物平板培养方法和土壤农化分析方法，进行高寒地区秸秆深翻还田和常规旋耕无秸秆还田土壤水分养分、土壤酶活性和土壤微生物区系组成的时空变化研究；并应用16S rDNA-PCR-DGGE技术和基因克隆文库技术，研究土壤微生物遗传多样性，探索秸秆还田土体中土壤微生物性状的现状和趋向。针对北方春玉米区秋季秸秆还田、冬季气温低、秸秆降解缓慢、会影响第二年的播种质量的生产问题，以提高秸秆还田效果为目的，本研究以100种常年处于低温环境的各种土壤与富含纤维素的腐烂物为菌源，通过初筛、复筛和低温驯化过程筛选低温条件下具有良好降解玉米秸秆的菌系，为加速北方地区秸秆腐熟还田提供菌株资源和技术支撑。主要研究结果如下。

1. 土壤含水量的动态变化及分布状况　0～100厘米土层土壤含水量波浪状变化，玉米播种期、苗期、灌浆期和成熟期秸秆还田保水作用较显著。

2. 土壤养分含量的动态变化及分布状况　土壤养分含量均在播种期和苗期较高，且表现为玉米秸秆深翻还田一年（SF-Ⅰ）＞玉米秸秆深翻还田两年（SF-Ⅱ）＞常规旋耕无秸秆还田（CK）。玉米生育后期SF-Ⅰ和SF-Ⅱ保持较高的养分，秸秆还田能补充养分的损失；土壤养分主要分布在0～60厘米的土层中，随着土层加深呈现逐渐降低的趋势，0～20厘米土层养分含量最高。

3. 土壤酶活性动态变化及分布状况　土壤酶活性高峰出现在玉米秸秆腐解高峰期。土壤酶活性随着土层深度的增加逐渐下降。玉米生长中期，土壤酶活性表现为SF-Ⅱ＞SF-Ⅰ＞CK；玉米播种期和成熟期表现为SF-Ⅰ＞SF-Ⅱ＞CK。

4. 土壤微生物多样性　玉米生育期内，土壤细菌、真菌、放线菌、自生固氮菌、有机磷细菌和无机磷细菌随玉米生育进程变化规律相同，即随着玉米生育期的推进呈现先上升后下降趋势。秸秆深翻还田显著提高了土壤微生物数量，尤其是0～40厘米土层微生物数量显著增加。土壤微生物数量的垂直分布呈现随土层的加深逐渐降低的趋势。细菌、放线菌、自生固氮菌、硅酸盐细菌和解磷细菌数量均表现为SF-Ⅱ＞SF-Ⅰ＞CK。玉米生育前期，真菌数量表现为CK＞SF-Ⅰ＞SF-Ⅱ；生育后期表现为SF-Ⅱ＞SF-Ⅰ＞CK。低温时期的和高温时期的土壤微生物菌群组成差异大。拔节期至灌浆期土壤细菌群落发生较大的变化，且在拔节期变化最大。土壤微生物细菌16S rDNA多样性指数为SF-Ⅱ＞SF-Ⅰ

① 导师：高聚林教授。

论文提交日期：2013年6月。

>CK，秸秆深翻还田丰富了土壤细菌16S rDNA菌群多样性。CK、SF-Ⅰ和SF-Ⅱ土壤中优势菌群为变形菌门（Proteobateria）；SF-Ⅰ和SF-Ⅱ土壤中检测到酸杆菌门（Acidobacteria）、疣微菌门（Verrucomicrobia bacterium）；SF-Ⅱ土壤中检测到芽单胞菌门（Gemmatimonadetes bacterium）、拟杆菌门（Bacteroidetes bacterium），为SF-Ⅱ特有的菌群。

5. 功能氨氧化细菌amoA基因多样性　SF-Ⅰ和SF-Ⅱ土壤中亚硝化弧菌属（*Nitrosovibrio*）、亚硝化螺菌属（*Nitrosospira*）和亚硝化单胞菌属（*Nitrosomonas*）微生物菌群丰富度比CK高。土壤氨氧化细菌amoA基因多样性指数为SF-Ⅱ>SF-Ⅰ>CK，秸秆深翻还田可丰富土壤氨氧化细菌菌群多样性。

6. 低温玉米秸秆降解菌系的选育　通过富集培养、滤纸崩解度初筛、纤维素酶活综合测定、刚果红水解圈及秸秆降解率测定复筛，并经低温驯化筛选到两组低温降解玉米秸秆降解菌系；其中1号菌系的酶活最佳，其10℃培养4天Cx酶活达到24.23IU，15℃进行液体和固体发酵15天后玉米秸秆降解率分别达到27.92%和30.20%；在同样条件下，8号菌系Cx酶活达到55.89IU，经液体和固体发酵，秸秆降解率分别达到29.19%和32.21%。两组复合菌系是由真菌和细菌组成，其中1号菌系由青霉属产黄组（*Penicillium section* Chrysogena）和混合纤维弧菌混合亚种（*Cellvibrio mixtus* subsp. *mixtus*）组成，8号菌系由*Geomyces pannorum*和嗜麦芽寡养单胞菌（*Stenotrophomonas maltophilia*）组成。

关键词：玉米秸秆还田；微生物；土壤特征；PCR-DGGE技术；玉米秸秆降解菌系

大豆种质遗传多样性及表型性状关联位点发掘与优异位点序列分析

李强[①]（2010—2014）

本研究对151份大豆种质资源进行了2年的农艺、产量、品质鉴定，并采用SCoT、CDDP、ISSR分子标记对参试大豆种质进行多态性扩增，分析品种间、不同地理来源群体间的遗传关系、群体结构，进一步开展分子标记与农艺、产量、品质QTL的关联分析，以期找到与性状显著关联的标记位点，并对其优异位点测序分析。主要研究结果如下。

（1）参试大豆品种各性状具有丰富的遗传变异，且数据接近正态分布，可以用于后续关联分析；单位面积产量与单株有效荚数、百粒重、生育期等多个性状呈显著正相关，而百粒重越大，单株荚数、粒数反而越小，这就要求品种选育时，不能过多考虑百粒重的大小，应注重单株荚数、粒数的选择；脂肪含量与蛋白含量呈显著负相关。

（2）本研究建立了大豆最佳SCoT-PCR体系：Mg^{2+}浓度2.0毫摩尔/升、dNTPs浓度为0.2毫摩尔/升、*Taq*聚合酶用量为1.5U、DNA模板用量30纳克、引物浓度为0.250微摩尔/升；从82条引物中筛选出41条多态性引物，共扩增出182个多态性条带，引物PIC平均为0.656，能很好地反映参试品种的遗传多样性；基于遗传距离与基于模型聚类分析的结果基本吻合，都将参试品种分为三大类群，且国外与国内品种遗传基础差异较大，而与野生大豆改良种质遗传距离较近；地方品种与育成品种明显分开；黑龙江、内蒙古、吉林品种遗传距离较近，种质资源交流频繁；具有相同亲本、血缘相似的品种遗传关系较近。

（3）本研究建立了大豆最佳CDDP-PCR体系：Mg^{2+}浓度2.0毫摩尔/升、*Taq*聚合酶用量1.5U、引物浓度0.375微摩尔/升、dNTPs浓度0.3毫摩尔/升、DNA模板用量40纳克；从21条引物中筛选出17条多态性引物，共扩增出82个多态性条带，引物PIC平均为0.644，能较好地反映参试大豆品种的遗传多样性；参试品种被分为3大类群，其中，黑龙江品种与内蒙古、吉林品种遗传距离较近；地方品种大多聚在一起；育种单位相同的品种聚在一起；基于遗传距离与基于模型聚类分析均与地理分布存在相关性，且聚类、分群结果大体一致。

（4）本研究从100条ISSR引物中筛选出37条多态性引物，扩增出150个多态性条带，引物PIC平均为0.546，基本能反映参试大豆品种的遗传多样性，但明显低于SCoT、

① 导师：高聚林教授。
论文提交日期：2014年6月。

CDDP 标记；参试品种可分为三大类群；部分国内外品种遗传差异较大，其余国外品种与国内地方品种遗传距离较近；具有共同血缘、中晚熟品种大多聚在一起；基于模型的群体结构分析发现，参试品种的血缘相对简单，与基于遗传距离聚类结果一致性较好。

（5）3 种标记检测多态性位点的能力、遗传多样性参数方面，依次为 CDDP＞SCoT＞ISSR，且 3 种标记方法两两相关，在检测大豆种质遗传多样性上都是有效、可靠的，且 SCoT、CDDP 较 ISSR 更具优势；整合 3 种标记聚类结果得出，国外品种可用来拓宽国内大豆遗传基础；黑龙江、内蒙古、吉林品种亲缘关系较近；地方品种大多聚为一类；具有共同祖先亲本、系谱来源相近的品种遗传距离较近。基于模型亚群分层发现该群体具有 3 类血缘，且国内外品种血缘差异较大；大豆亚群分布与地理来源有一定的相关性；本研究中，无论是单个标记还是整合 3 种标记的基于模型的类群划分结果与基于遗传距离聚类结果吻合度较高。

（6）本研究 233 个位点共产生 27 028 种位点组合间存在着不同程度的连锁不平衡（LD）；利用 TASSEL 软件的一般线性模型（general linear model，GLM）和混合线性模型（mixed linear model，MLM）程序对 3 种标记共 233 个多态性位点与 151 份大豆种质两年表型性状分别进行关联分析，发现 41 个位点共检测到 141 次与 14 个性状显著关联（$P>0.005$）；2 年重复出现的关联位点有 22 个，累计被检测 32 次；2 种模型重复出现的关联位点有 21 个，累计被检测 32 次，且 MLM 检测的关联位点较 GLM 明显减少。

（7）本研究检测到与底荚高度、有效分枝数、株高、主茎节数等 4 个植株形态性状的表型变异关联的位点分别为 9、5、6、2，累计检测 37 次；与开花期、生育期性状关联的位点分别为 7 个、5 个，被检测 30 次；与单株有效荚数、单株粒数、单株粒重、百粒重、单荚粒数、小区产量等产量相关性状关联的位点分别为 6 个、8 个、5 个、5 个、4 个、6 个，累计检测 54 次；与大豆脂肪含量、蛋白含量关联的位点分别为 5 个、4 个，累计检测 20 次；上述检测到的关联位点表型变异解释率为 0.048 3～0.162 2。

（8）本研究对与性状显著关联的 SCoT 位点进行了克隆、测序。序列分析、比对得出，SC06-2 全长 862bp，与小核核糖核蛋白 Sm D2-like 高度相似；SC21-1 全长 437bp，与 UDP-糖基转移酶 89A2-like 亚基高度相似；SC21-6 全长 243bp，与生长素应答蛋白 IAA11 高度相似；SC28-3 全长 392bp，与 GDP-L-半乳糖磷酸化酶高度相似；SC60-2 全长 900bp，与抗病蛋白 At4g27190 高度相似；SC71-2 全长 703bp，与 E3 泛素蛋白连接酶 CIP8 高度相似；SC82-1 全长 900bp，与胞外分泌复合体成员 Exo70B1 高度相似。其他 10 条序列与大豆基因组序列高度相似，但功能未知。

关键词： 大豆；表型性状；SCoT；CDDP；ISSR；遗传多样性；关联分析；序列分析

中国和蒙古国青贮玉米品种适应性研究

道尔吉帕格玛[①] (2011—2014)

本文对6个青贮玉米品种在中国和蒙古国的生长发育进程，叶片光合特性，氮、磷、钾吸收分配，植株性状等方面进行研究，分析其栽培适应性和对养分的吸收分配特性，旨在发掘不同来源青贮玉米品种在两国生态条件下的栽培潜力，为栽培选种提供理论依据与技术指导。研究结果如下。

(1) 生育期：3个播种期内，TK181最早进入拔节期，最晚是真金青贮31；TK181生育进程快于其他品种，真金青贮31的生育进程最慢。中国和蒙古国3个播种期内，蒙古国的3个品种生育期均短于中国的3个品种。

(2) 不同播种期青贮玉米群体LAI呈前期迅速增长、中期加快、吐丝期达到最大值，后期缓慢下降的变化趋势。中国品种引种至蒙古国群体LAI的最大值由5.0左右降低至3.0；而蒙古国的品种引种至中国其群体LAI的最大值由2.0左右提高至3.0。且在两个国家均表现出丰田6号、九原1号、真金青贮31的群体LAI要略高于sveta、TK160、TK181的群体LAI。

(3) 不同品种随生育期推移，其干物质积累量呈现先快后慢的趋势。其中，茎的干物质转运速率及分配率最大，对群体干物质积累的贡献率最大。中国品种引种至蒙古国及蒙古国品种引种至中国均使其鲜重及干重降低。在中国，各播种期的中国品种干鲜重均大于蒙古国品种，6个品种干物质积累量最高值在第二播期（5月3日）。在蒙古国，各播期中国3个品种的干重均大于蒙古国品种，第二播期（5月20日）6个品种干物质积累量最高。

(4) 在中国，青贮玉米不同品种随播期的推迟，株高、茎粗略降低，穗位高变化不明显。在蒙古国，青贮玉米不同品种随播期的推迟，株高、茎粗升高，穗位高降低。各品种在中国的表现均优于蒙古国。

(5) 中国品种的叶绿素荧光参数F_0、F_m和F_v/F_m均大于蒙古国的品种，播期对中国青贮玉米品种的F_0、F_m和F_v/F_m的影响大于蒙古国品种；各品种植株上位叶和穗位叶叶片SPAD随播期的推迟有降低的趋势，而下位叶的叶片SPAD表现为第一播期>第三播期>第二播期，中国品种的叶片SPAD略大于蒙古国品种。中国品种的P_n和G_s以第二播期为最大，T_r以第一播期为最大，C_i以第三播期为最大；蒙古国品种的P_n和T_r以第一播期为最大，G_s以第二播期为最大，C_i值以第三播期为最大。

① 导师：高聚林教授。

论文提交日期：2014年6月。

（6）植株养分吸收分配：整株氮和磷积累量随生育期的推进呈先快速增加后缓慢增加的趋势，其中茎秆中的氮、磷和钾积累量随生育期的推移呈单峰曲线变化，不同品种的氮积累最大值出现在吐丝期、磷和钾出现在抽雄期。叶片中氮、磷和钾积累量随生育时期呈现下降趋势。穗中的磷含量差异不明显，氮和钾积累量随生育期的推移呈增加趋势。总体来看，中国的品种植株氮、磷和钾积累量高于蒙古国品种。两国品种植株氮和磷积累量均以第二播期为最高，钾积累量第三播种期为最高。

（7）各品种在中国种植表现为中国品种的鲜草重大于蒙古国品种，各品种产量均在第二播种期（5 月 3 日）最高。而各品种在蒙古国种植表现为蒙古国品种的鲜草重大于中国品种，各品种产量均在第二播种期（5 月 20 日）。且中国品种引至蒙古国及蒙古国品种引至中国均会使其鲜草产量降低。

关键词：青贮玉米；中蒙两地；品种；适应性；生育期；光合特性；养分吸收；产量

不同基因型玉米氮效率配合力分析与生理特性研究

崔超[①]（2009—2014）

针对玉米生产过程中氮肥施用过量现象日益严重、氮效率下降、生产成本增加、环境污染等诸多问题，本研究以提高玉米氮效率为目的，对不同基因型玉米自交系及杂交种进行氮效率评价，并明确其氮高效生理特性，为氮高效自交系筛选及氮高效杂交组合的鉴选提供理论依据。主要研究结果如下。

（1）不同基因型玉米在不同施氮处理下的氮效率差异显著。本研究通过选取氮肥偏生产力、氮收获指数及产量进行聚类分析，将 52 份玉米自交系在正常供氮处理下划分为高效型 24 份、低效型 28 份；将 108 份杂交组合在农户常规施氮处理下划分为高效型 14 份、中间型 81 份、低效型 13 份，在高产施氮处理下划分为高效型 6 份、中间型 83 份、低效型 19 份，其中表现一致的共 74 份，分别为高效型 2 份、中间型 65 份、低效型 7 份；将 4 份玉米杂交种在 2 个施氮处理下划分为高效型 2 份、低效型 2 份。为氮高效育种及氮高效生理特性的研究奠定了理论基础。

（2）通过氮效率及品质配合力评价，BL12、BL49、BL48、中 106 和齐 205 等 5 份玉米自交系材料氮效率性状与品质性状表现较好，具有较大的氮高效及品质育种利用潜势，杂交组合 Y82（BL12×178）、Y99（BL48×掖 478）是优质高效的杂交组合，在低氮处理和高氮处理下氮效率分别较对照品种高出 11.95%和 28.69%，籽粒产量分别为 13 756.88 千克/公顷、13 572.90 千克/公顷和 16 460.13 千克/公顷、16 269.55 千克/公顷，分别较对照增产 1 458.27 千克/公顷和 3 648.00 千克/公顷。

（3）氮高效型杂交组合的亲本中至少有一个是氮高效型自交系的比率在农户常规施氮处理与高产施氮处理下分别为 92.86%和 83.33%，而 2 个亲本都是氮低效型自交系组配出氮高效型杂交组合的比率分别仅为 7.14%和 16.67%，表明在氮高效玉米杂交种选育中至少选择一个氮高效型自交系作亲本进行组配，筛选出氮高效玉米杂交组合的概率更大。

（4）不同基因型玉米氮高效生理特性的本质是源（光合）-流（光合产物运转）-库（籽粒）的协调统一。在冠层光合能力方面，较大的叶面积指数、叶绿素 SPAD、净光合速率及较长的光合持续时间是玉米花粒期较强光合能力的重要保障，对稳定生育后期功能叶片光合性能具有良好作用，是氮高效型与氮低效型玉米籽粒产量形成差异的重要因素之一。在籽粒产量构成上，氮高效型与氮低效型玉米的差异主要表现为穗粒数及粒重的差

① 硕博连读。导师：高聚林教授。

论文提交日期：2014 年 10 月。

异，表明库容大小直接影响籽粒产量的高低，从而影响不同基因型玉米的氮素利用效率。

在干物质及氮素积累与转运方面，不同氮效率基因型玉米籽粒产量有60%～90%来源于吐丝期之后的干物质合成，且不同氮效率玉米的差异由吐丝期之前茎秆干物质转移量与吐丝期之后干物质合成量共同决定，其本质体现在经济指数上的差异，玉米产量及氮效率的提高不仅要注重花粒期营养体物质向籽粒的转移，更重要的是保证吐丝后植株较强的氮素吸收利用能力，促进吐丝后植株物质积累与转运能力。

（5）根系是玉米氮素吸收最为主要的器官，从多个方面控制和影响整个玉米植株的生长发育，而氮素的吸收依赖于两个方面，一是根系大小，二是根系的吸收性能。不同氮效率基因型玉米自交系在低氮与高氮处理下，氮高效型自交系在根长、根表面积、根尖数及小于0.20毫米根长上显著高于氮低效型自交系，且根系活力表现为氮高效型自交系显著高于氮低效型自交系，分别高出42.20%、103.22%。表明总根长长、细根所占比例高、根系吸收能力强是氮素高效吸收的前提和重要保证。

（6）从氮高效型玉米品种源、库、流协调统一的生理特性出发，整体上对不同基因型玉米氮效率进行鉴评，以叶片叶绿素SPAD作为源的评价指标，穗粒数和千粒重作为库的评价指标，而用收获指数作为流的评价指标，为正确、快速地鉴选与评价不同基因型玉米氮效率类型，筛选高产氮高效型品种，系统比较不同类型玉米品种生理特性的差异提供理论依据，并为品种改良和高产高效栽培提供依据。

关键词： 玉米；基因型；氮效率；配合力；生理特性

春玉米高产田土壤结构及深翻秸秆还田调控机制

于博[①]（2012—2016）

为系统研究春玉米高产田土壤结构的年际变化规律，本研究设置连续5年玉米秸秆还田定位试验，不同生物炭配比土壤持水性模拟试验和不同冻结频率土壤冻融交替模拟试验，测定土壤的结构性、持水性和孔性等指标和玉米地上部叶片、干物质积累及产量指标，通过关联分析，探明深翻秸秆还田年际变化对土壤结构和玉米产量的影响，为春玉米高产农田创建与培肥提供参考。

通过秋季深翻40厘米和春季浅旋耕15厘米，将春玉米秸秆全量粉碎还田（年平均还田量为2 925千克/亩），逐年定位了秋深翻0年＋春季浅旋耕5年（CK）、秋深翻1年＋春季浅旋耕5年（SF1）、秋深翻2年＋春季浅旋耕5年（SF2）、秋深翻3年＋春季浅旋耕5年（SF3）、秋深翻4年＋春季浅旋耕5年（SF4）5块春玉米定位试验田（长115米×宽4.5米），对其土壤结构指标进行分析。

（1）不同深翻年次（SF1～SF4）处理间，0～40厘米土层土壤容重、土壤紧实度显著低于CK。0～20厘米土层，机械团聚体＞0.25毫米团聚体含量（$R_{0.25}$），SF4显著小于CK。平均重量直径（MWD），SF3和SF4显著小于CK。几何平均直径（GMD），SF4显著小于CK。土壤的团聚体破坏率（PAD），SF1显著小于CK。水稳性团聚体的不稳定系数（SWA），SF1～SF4显著小于CK。分形维数（D），SF4显著大于CK。20～40厘米土层，机械团聚体＞0.25毫米团聚体含量（$R_{0.25}$），SF1和SF2显著大于CK。平均重量直径（MWD），SF2显著大于CK。几何平均直径（GMD），SF2显著大于CK。土壤的团聚体破坏率（PAD），SF1～SF4显著小于CK。水稳性团聚体的不稳定系数（SWA），SF1～SF4显著大于CK。分形维数（D），SF2显著小于CK。

（2）深翻秸秆还田对土壤孔隙度的影响（定位试验），结果显示：春播前，SF1～SF4比CK显著增加，分别增加了13.44%、16.83%、23.38%和23.11%；灌浆期，SF1～SF4比CK显著增加，分别增加了16.94%、16.96%、16.94%和22.54%；收获期，SF1～F4比CK显著增加，分别增加了18.65%、20.08%、22.57%和25.54%。

（3）深翻秸秆还田对土壤持水性的影响（大田定位试验）结果显示：高产田的土壤持水性比CK差，土壤平均入渗速率比CK快，累积入渗量比CK多。高产田之间，随深翻秸秆还田年次的增加，土壤持水性逐年下降，土壤平均入渗速率逐年加快，土壤的累积入

① 导师：高聚林教授。

论文提交日期：2016年6月。

渗量逐年增大。

（4）因连年深翻秸秆还田后有机质分解速率不同，为系统研究深翻秸秆还田后土壤有机质逐年递增过程中，土壤入渗速率和土壤水分特征曲线的变化规律，设置室内单环入渗法和压力膜仪，模拟大田试验。试验研究了同一容重条件下，施加不同配比生物炭（0%、1%、3%、5%、8%、10%）在不同质地土壤（沙土、壤土）中对土壤水力传导性能的影响。结果表明：在容重保持不变的情况下，添加不同比例的生物炭对沙土及壤土的影响不同，在沙土中添加生物炭，随着生物炭含量的增加，沙土的入渗速率、累积入渗量减小，能有效提高土壤持水能力；在壤土中，当生物炭添加比例从1%增到8%时，累积入渗量、入渗速率及持水能力递增，当添加量达到10%时，反而较8%处理时有所衰减，土壤持水性出现波动。

（5）为系统研究土壤结构的年季节变化，采用室内模拟田间季节性冻融过程实验方法，设置冻结频率0次、2次、4次、6次进行室内模拟冻结实验。结果表明：冻融交替作用显著增多土壤孔隙的数目；显著减小低产田Feret直径和土壤的平均孔隙面积；冻融交替显著减小高产田>5毫米团聚体的孔隙数目，显著减小了低产田0.5～1毫米、1～2毫米和2～5毫米团聚体的孔隙数目；冻融交替显著增加低产田2～5毫米团聚体的平均孔隙面积。

（6）深翻秸秆还田对春玉米根系的影响（定位试验）结果显示：0～60厘米土层根系干重、根系长度和根表面积，SF1～SF4显著大于CK。灌浆期地上部干物质的积累，SF2～SF4显著大于CK。叶绿素相对含量，SF1～SF4显著大于CK。最大光化学效率，SF4显著大于CK。产量构成方面，亩穗数，SF3和SF4显著大于CK。深翻秸秆还田措施对穗粒数影响不显著。千粒重，SF1～SF4显著大于CK。籽粒产量，SF3和SF4显著大于CK。生物量，SF2～SF4显著大于CK。

关键词： 春玉米；高产；深翻；秸秆还田；土壤结构；土壤肥力

春玉米LAI和叶片氮素营养及产量的高光谱估测模型研究

高鑫[①]（2012—2016）

高光谱技术作为精确农业的一种重要技术手段，因其具有方便、快捷、高效、对植株无损害等优点，已被广泛应用于作物生长监测、作物植株水分监测、营养状况监测、作物产量评估、品质监测等多个方面。本研究以玉米为研究主体，通过分析不同种植条件下（不同品种，不同密度，不同施氮量，氮、密互作）玉米冠层及叶片高光谱特征与其相对应的LAI、SPAD、叶片氮含量和产量的响应规律，明确4个理化指标的敏感波段，并利用光谱指数NDVI、RVI、DVI构建了基于高光谱植被指数的LAI、SPAD、叶片氮含量和产量高光谱估测模型。主要研究结果如下。

（1）栽培环境的改变，会直接引起玉米生理生态参数变化，而这种变化又会因其栽培措施的不同而产生差异。例如，生育期（叶片衰老）、种植密度、施氮量等因素均会导致玉米LAI发生改变，但种植密度对LAI的影响最大，叶片衰老变化次之，施氮量最小。同理，不同栽培条件也会影响冠层和叶片高光谱特征，在可见光350～760纳米波段，冠层光谱与叶片光谱反射率随着生育期进程呈增大趋势；在不同种植密度下，冠层光谱反射率表现为随密度的增大而减小，而叶片光谱反射率则表现为随密度增加呈增大趋势；在不同施氮量下，冠层光谱与叶片光谱反射率随着施氮量的增加呈下降趋势。在780～1 300纳米波段，冠层光谱与叶片光谱反射率随生育进程呈逐渐下降趋势；在不同种植密度下，冠层光谱反射率随密度的增大呈增大趋势，而叶片光谱反射率则无明显变化规律；不同施氮量下，冠层光谱反射率随施氮量的增加呈增大趋势，而叶片光谱反射率在这一波段则无明显变化规律。种植密度对冠层光谱反射率的影响大于施氮量，施氮量对叶片光谱的影响要大于密度。

（2）通过对不同栽培条件下的玉米冠层、叶片光谱与LAI、叶片SPAD、LNC和产量的相关分析，得出4个指标的反射率光谱敏感波长主要位于550纳米、678纳米、710纳米和1 100纳米附近，一阶导数光谱敏感波长位于500纳米、550纳米、580～680纳米、700纳米和755纳米附近。利用NDVI、RVI和DVI三种光谱参数构建了不同栽培条件下的LAI、SPAD、LNC和产量高光谱估测模型，并对模型应用精度进行了比较，得出：模型在应用于其他栽培条件时均会出现较大偏差，其中冠层光谱模型对其他条件下各指标的估测精度都比较差，尤其是对LAI的估测偏差最大。而SPAD和LNC的叶片光谱

① 导师：高聚林教授。

论文提交日期：2016年6月。

模型，具有较高的普适性。

（3）不同栽培条件下高光谱参数值与各指标数值之间定量关系的差异是导致各指标高光谱估测模型普适性差的根本原因，对不同栽培条件下的光谱与各指标数据进行综合分析，可以降低两者之间的不匹配程度，提高模型的普适性。同时，利用土壤线参数和叶片光谱与冠层光谱反射率差值参数可以提高光谱模型的稳定性。在所建高光谱模型中，通用性较好的各指标估测模型有：LAI 为 NDVI（729.3，963.6）和 MNDVI（729.3，963.3）模型；SPAD 和 LNC 为 NDVI（729.3，963.6）和 mRVI（729.3，963.6）模型；产量为 NDVI（$R'_{695.7}$，$R'_{755.5}$）和 MRVI（550.2，963.6）模型。

关键词：高光谱；春玉米；LAI；SPAD；叶片氮含量；产量；估测模型

深松措施下磷肥深施提高春玉米磷效率的生理机制

张瑞富[①]（2012—2016）

当代玉米品种根系呈现横向紧缩、纵向延伸的特点，在增密和深松的栽培措施下，根重下移趋势更加明显。西辽河平原是内蒙古自治区玉米主产区，多年的小动力机械作业和高量施磷，造成土壤磷素养分表层富积而下层含量不足。土壤磷素养分空间分布与高产春玉米根系空间分布的匹配性变差，是影响磷吸收效率的重要原因。为揭示深松措施下磷肥深施对春玉米磷吸收效率调控的生理机制，于2013—2015年，在西辽河平原灌区，以郑单958和先玉335为试材，采用大田试验和土柱栽培相结合的方法，研究了深松及深松措施下磷肥深施对春玉米根冠特征、生理特性、物质积累、产量和磷吸收效率的影响，主要结论如下。

（1）深松改善了春玉米根冠结构、延缓衰老，提高春玉米物质生产能力和磷吸收效率。深松提高了春玉米LAI，中上部叶片表现尤为明显，叶片SOD和POD活性提高，MDA含量降低，叶片衰老减缓，使LAI高值维持期增长，P_n和NAR得以提高；促进了根系的纵深分布，根条数和比根长增加，根幅减小；使根系活力和活跃吸收面积得以提高，根系活力60厘米以下土层表现明显，活跃吸收面积0～20厘米土层表现明显；使根系的SOD和POD活性增强，MDA含量降低。根冠结构的改善和衰老的延缓使春玉米的干物质和磷积累量增加，转运更加通畅，对籽粒的贡献率更高，春玉米籽粒产量和磷吸收效率得以提高。郑单958对深松的反应更为敏感。

（2）深松措施下不同施磷深度处理春玉米的根冠特征、生理特性和物质生产能力存在一定差异，影响到磷的吸收效率。LAI、叶片的SOD、POD活性、P_n和NAR各施磷深度处理均表现为P12＞P6＞P18＞P24，MDA含量表现为P6＞P24＞P18＞P12。根干重0～20厘米土层表现为P6＞P12＞P18＞P24，20～40厘米表现为P24＞P18＞P12＞P6，总根重表现为P12＞P6＞P18＞P24。根条数10厘米土层处表现为P6＞P12＞P18＞P24，20厘米土层处表现为P12＞P6＞P18＞P24，30厘米土层处表现为P24＞P12＞P18＞P6。比根长表现为P12＞P6＞P18＞P24。0～20厘米土层根系活力、SOD、POD活性在旋耕措施下均表现为P12＞P6＞P18＞P24，深松＋旋耕措施下表现为P12＞P18＞P6＞P24，MDA含量旋耕措施下表现为P24＞P18＞P6＞P12，深松＋旋耕措施下表现为P24＞P18＞P12＞P6。春玉米干物质及磷的积累量、转运量及对籽粒贡献率均表现为P12＞P6＞

① 导师：高聚林教授、杨恒山教授。

论文提交日期：2016年4月。

P18>P24，磷吸收效率、收获指数、偏生产力以及籽粒产量均以 P12 处理最高。处理间差异在深松措施下尤为明显，品种间郑单 958 较先玉 335 明显。

（3）土柱栽培条件下进一步证实磷肥深施对春玉米生理特性和磷吸收效率具有一定的影响，但适宜施磷深度与大田试验不同。各施磷深度处理春玉米 LAI、叶片的 SOD、POD 活性、P_n、LAD 和 NAR 均表现为 P18>P12>P6>P24，MDA 含量表现为 P24>P6>P12>P18。根干重 0～10 厘米、10～20 厘米土层均表现为 P18>P12>P6>P24，20～30 厘米、30～40 厘米土层均表现为 P18>P24>P12>P6。根条数 10 厘米土层表现为 P6>P12>P18>P24，20 厘米土层表现为 P12>P18>P6>P24，30 厘米、40 厘米土层均表现为 P18>P24>P12>P6。比根长表现为 P18>P12>P6>P24，其中 P18 与其他处理之间的差异均达到了显著水平（$P<0.05$）。10～20 厘米土层根系活力表现为 P18>P12>P6>P24，活跃吸收面积表现为 P12>P18>P6>P24。P18 处理具有较高的干物质及磷的积累量、转运量以及对籽粒的贡献率，磷吸收效率、收获指数、偏生产力以及籽粒产量均高于其他处理。由于土柱在水平空间的限制和土壤容重的减小，导致根系进一步下移，从而造成土柱栽培条件下适宜施磷深度（18 厘米）较大田适宜施磷深度（12 厘米）更深。

（4）土柱栽培下分层施磷处理春玉米根冠特征、生理特性和物质生产能力总体上优于 CK。各分层施磷处理 LAI、SOD、POD 活性、P_n、LAD 和 NAR 均表现为 PⅣ（6 厘米、12 厘米、18 厘米处各 1/3）>PⅢ（12 厘米处 2/3、18 厘米处 1/3）>PⅡ（12 厘米处全量施入）>PⅠ（12 厘米处 2/3、6 厘米处 1/3），MDA 含量表现为 PⅠ>PⅡ>PⅢ>PⅣ。根干重 0～10 厘米土层表现为 PⅠ>PⅣ>PⅡ>PⅢ，10～20 厘米土层表现为 PⅡ>PⅢ>PⅠ>PⅣ，20～30 厘米和 30～40 厘米土层均表现为 PⅣ>PⅢ>PⅡ>PⅠ。根条数 10 厘米土层处表现为 PⅣ>PⅠ>PⅡ>PⅢ，20 厘米以下土层均表现为 PⅣ>PⅢ>PⅡ>PⅠ。比根长表现为 PⅣ>PⅠ>PⅡ>PⅢ，其中 PⅣ除与 PⅠ之间的差异不显著外，与其他处理间差异达到了显著水平（$P<0.05$）。10～20 厘米土层根系活力表现为 PⅡ>PⅢ>PⅣ>PⅠ，活跃吸收面积表现为 PⅡ>PⅢ>PⅠ>PⅣ。PⅣ处理春玉米具有较高的干物质及磷的积累量、转运量，对籽粒的贡献率较高，磷素吸收效率、收获指数、偏生产力以及籽粒产量均高于其他处理。

（5）对多年小动力机械作业的玉米产区，深松配以适度的磷肥深施能提高春玉米磷的吸收效率，是减磷增效的有效途径。

关键词：春玉米；深松；磷肥深施；形态特征；生理特性；磷吸收效率；产量

玉米冠层-根系-土壤系统氮素吸收与转运的品种差异及生理机制

屈佳伟[①]（2011—2016）

我国玉米生产的氮肥利用效率仅为30%～35%，过量的氮肥投入不但造成成本偏高和肥料浪费，还引发了一系列资源环境问题。发掘品种氮素高效利用潜力是提高氮肥利用效率的重要途径之一，而探讨玉米品种间氮素吸收和转运的差异及其生理机制对于氮高效品种选育和栽培调控都具有重要意义。本研究基于玉米冠层-根系-土壤系统，以不同氮效率玉米品种即氮高效品种郑单958（ZD958）、金山27（JS27）和氮低效品种蒙农2133（MN2133）、内单314（ND314）、四单19（SD19）为材料，在不同施氮量、施氮深度和^{15}N同位素示踪试验条件下，系统研究了根系形态与氮素吸收的关系、根层硝态氮分布与根系形态的关系、冠层氮素分布及转移特性、叶片光合特性与氮素利用的关系，以及氮效率与氮素吸收效率和利用效率的协调关系。主要研究结果如下。

（1）4叶1心期适宜根系生长的最适硝态氮浓度为4毫摩尔/升。在低氮胁迫条件下，玉米主要通过增加细根比例，增加根表面积吸收更多的氮素；在氮素供应充足条件下，通过增加根系平均直径，形成高密的分枝系统吸收氮素。根长、根体积对氮吸收效率的直接作用较大。

（2）不同氮效率玉米品种根系的时空分布影响氮素吸收，且对氮肥的响应度存在明显差异。不施氮条件下，氮高效品种各土层内根长显著高于氮低效品种，且花粒期0～20厘米耕层和40厘米以下土层内的根长降低比率显著低于氮低效品种；施氮条件下，40厘米以下土层内氮高效品种根长降低比率显著低于氮低效品种。说明不同氮肥供应下，氮高效品种40厘米以下土层根系衰老速率皆低于氮低效品种。

（3）根系对氮素的吸收与根长和单位根长氮吸收速率显著相关。吐丝前中低氮条件下，单位根长氮吸收速率对氮素吸收量的直接作用较大，高氮条件下，根长对于氮素吸收的直接作用较大；吐丝后中低氮条件下，根长对氮素的吸收量直接作用较大，高氮条件下，单位根长氮吸收速率对氮素吸收量的直接作用较大。

（4）种植氮高效品种可减少氮素淋溶损失。低氮条件下，土壤硝态氮含量最大土层下移20厘米，外界环境对其影响较小；施氮条件下，土壤硝态氮含量最大土层下移40～60厘米，年际间差异主要受降水量的影响。氮高效品种0～100厘米土层的硝态氮积累量显著低于氮低效品种，300N处理下，氮低效品种的表观损失是氮高效品种的1.52～2.89

① 硕博连读。导师：高聚林教授。

论文提交日期：2016年6月。

倍；450N 处理下，氮低效品种是氮高效品种的 1.45～1.56 倍，氮素的吸收量与土壤硝态氮积累量呈显著的线性负相关。

（5）减氮深施可增加氮素的吸收。在低氮条件下，45 厘米深施处理（F45）各土层的根系形态指标显著高于 15 厘米浅施处理（F15），F45 氮素吸收量显著高于 F15，表明低氮深施促进了下层根系的增长，进而促进根系对土壤中氮的吸收。在高氮条件下，F45 显著增加了 0～30 厘米土层和 60～90 厘米土层根系，抑制了 30～60 厘米土层根系增长，氮素吸收量显著低于 F15。

（6）氮高效品种具有强大的根系和较高的氮吸收效率与植株中下部叶片的生理指标密切相关。^{15}N 同位素示踪结果表明，吐丝后籽粒中的氮素有 30%～50%来源于氮素的直接吸收，50%～70%来源于吐丝后氮素的转运，品种间差异不显著。不同施氮量下，氮吸收效率和氮利用效率对氮效率的贡献不同。在低氮条件下，氮利用效率对氮效率的直接作用较大；中高氮条件下，氮吸收效率对氮效率的直接作用较大。中下部叶片光合和氮同化指标（叶片干物质积累、氮素积累、光合速率、SPAD）与氮素的吸收效率显著相关。

关键词： 玉米；氮效率；根系；硝态氮；冠层；氮素吸收与转运

玉米秸秆低温高效降解复合菌系GF-20的筛选及其特性研究

青格尔[①]（2011—2016）

我国玉米秸秆资源非常丰富，但目前对其利用很不充分。秸秆还田可以提高土壤养分，实现农业生产的可持续发展。但在我国北方春玉米区秋收后低温等气候因素限制还田秸秆的当季腐解，秸秆在土壤中腐解转化的时间较长，不仅不能作为当季作物的肥源，还会影响后季作物播种质量。为加快原位还田玉米秸秆的分解速率，提高腐解质量，本研究从低温（年平均气温－7～8℃）生态环境中采集长年秸秆还田土壤、牛羊粪、腐烂树叶等样品为菌源材料，通过富集培养、碳源限制性继代培养与低温驯化等过程，筛选低温条件（4～10℃）下高效降解玉米秸秆的复合菌系，并明确其秸秆分解特性、菌种组成特性、稳定性和适应性以及应用效果，为北方地区低温条件（4～10℃）下玉米秸秆快速、高效腐解以及合理利用提供理论依据，并提供菌株资源。主要研究结果如下。

1. 玉米秸秆低温高效降解复合菌系的筛选　利用富集培养、限制性继代培养、低温逐代驯化等技术对128份采集于高寒地区玉米秸秆还田土壤、牛羊粪、腐烂树叶等菌源材料进行筛选，获得7个低温（10℃）、中温（15℃）双高效型菌系和20个低温（10℃）高效型菌系。进一步通过对不同代数菌系玉米秸秆降解率及纤维素酶活性动态分析，最终获得一组可在低温条件（4～10℃）下高效产纤维素酶，并稳定降解玉米秸秆的复合菌系GF-20，其在接种后12小时内进入对数生长期，分泌纤维素酶，分解玉米秸秆成简单酯类或烃类。在10℃低温条件下培养15天，玉米秸秆降解率达到32.29%，较对照复合菌系No.8（本研究小组2013年筛选，温度15℃条件下降解率为22.02%）高出10.27个百分点。

2. 玉米秸秆低温高效降解复合菌系菌种组成多样性　复合菌系GF-20由22种细菌和4种真菌组成。细菌组成分别为*Azonexus hydrophilus*、*Azospira oryzae*、*Variovorax boronicumulans*、*Hydrogenophaga caeni*、*Herbaspirillum frisingense*、*Arcobacter cloacae*、*Pseudomonas fuscovaginae*、*Cellvibrio* mixtus subsp. mixtus、*Seleniivibrio woodruffii*、*Rhodococcus qingshengii*、*Terribacillus saccarophilus*、*Planococcus antarcticus*、*Bacillus licheniformis*、*Bacillus tequilensis*、*Clostridium populeti*、*Clostridium xylanolyticum*、*Paludibacter propionicigenes*、*Pedobacter agri*、*Sphingobacterium cladoniae* 和 *Uncultured bacterium* 等。真菌主要为 *Lotharella*

---

① 硕博连读。导师：高聚林教授。

论文提交日期：2016年6月。

globosa、*Trichosporon* sp.、*Trichosporon loubieri* 和 *Chlamydomonas leiostraca*。

3. 玉米秸秆低温高效降解复合菌系稳定性及适应性 复合菌系 GF-20 在分解玉米秸秆过程中区系变化较稳定，关键菌株稳定存在；在不同温度（4～30℃）和 pH（6.0～9.0）条件下继代培养、在变温条件（0～40℃）下连续培养，复合菌系性质、功能与组成均保持稳定，具有较强的稳定性和适应性；碳源为玉米秸秆、氮源为硫酸铵时，复合菌系 GF-20 菌种组成更稳定，诱导复合菌系产纤维素酶，促进底物分解；复合菌系 GF-20 的临界稀释梯度为 10^{14} 倍。

4. 玉米秸秆低温高效降解复合菌系应用 在接种量 10%、pH 为 6.5、玉米秸秆和硫酸铵添加比 40∶1、温度 10℃、渗透压浓度 2.0%条件下发酵制成的腐解菌剂 GF-20 具有良好的促分解效果。在 4℃、10℃ 和 30℃ 条件下腐解 60 天，玉米秸秆降解率分别为 29.00%、36.75%和 59.47%，较对照绿康菌剂高出 7.21%、9.78%和 10.26%；碱解氮、有效磷、速效钾和有机质含量分别增加 0%～5.32%、5.26%～14.17%、2.07%～3.57%和 0.44%～2.94%；显著提高土壤过氧化氢酶、脲酶、碱性磷酸酶、蔗糖酶、β-葡萄糖苷酶和纤维素酶活性；增加土壤微生物丰富度指数与多样性指数，新增 *Candidatus saccharibacteria* 和 *Planctomycetia* 等微生物类群，促进 *Herbaspirillum lusitanum*、*Bacillus* sp.、*Cellvibrio fibrivorans* 和 *Melanocarpus albomyces* 等功能微生物数量的增加，且菌剂 GF-20 对玉米种子发芽率无影响。

玉米秸秆低温高效降解复合菌系 GF-20 具有稳定的玉米秸秆分解活性和菌种组成稳定性，能在低温条件（4～10℃）下有效加快秸秆分解进程，提高土壤速效养分含量及酶活性，增加土壤微生物群落多样性，具有良好的开发潜力和应用前景。

关键词： 玉米；秸秆降解；低温；复合菌系；菌种组成；稳定性

高产春玉米耐密性生理机制及其深松调控

王富贵[①]（2013—2017）

增加种植密度，选用耐密性品种是当代玉米产量进一步提高的主要途径之一。通过深松耕作完全打破犁底层来改变耕层土壤结构，通过进一步增加种植密度来提高玉米产量，也是玉米生产中寻求产量突破的关键措施之一。因此，探讨玉米品种耐密性生理机制和深松调控效应都具有重要意义。本研究以株型-根系-冠层-产量作为整体研究对象，选用不耐密性春玉米品种为试验材料，对春玉米品种的耐密性进行研究，探索不同耐密性春玉米品种耐密性对密度变化的生理机制，将深松再增密与品种耐密性相结合进行研究，明确深松耕作对不同春玉米品种的耐密性调控机制。主要研究结果如下。

（1）高密度胁迫下根据各指标高密度胁迫和低密度水平下比值（即相对值）在 28 个杂交种间变异系数的大小，筛选出相对茎粗、相对 SPAD、相对 P_n、相对干物质量、相对秃尖长、相对行粒数和相对单株产量共 7 个指标作为耐密性强弱的评价指标，同时建立了以上述指标归一化的变异系数作为权重的模糊隶属函数综合评价方法，并采用这套方法将 28 个玉米杂交种分成强耐密型、中间型和弱耐密型 3 类。

（2）玉米品种产量对密度变化的响应差异显著，耐密性强的品种增产潜力大于耐密性弱的品种，且适宜密度显著高于耐密性弱的品种，增密后玉米品种的穗粒数和千粒重均降低。深松耕作通过增加有效穗数，稳定较高的穗粒数和增加粒重来提高玉米籽粒产量，增产率达到 7.8%～11.0%。在深松增密条件下，选用耐密性品种，“增加穗数、稳定粒数，提升粒重”是高产突破的有效技术途径。

（3）增密后植株之间的效应更明显，且植株能主动调节叶片和茎秆的着生状态。深松耕作能有效缓解增密产生的簇拥效应，提高植株叶片的自我调节能力，使穗上叶夹角适度变小，穗下部叶夹角适度变大来适应增密带来的遮光效应，使其处于最佳的受光位置，高密度下耐密性强的玉米品种的自我调节能力强于耐密性弱的玉米品种；能缓解增密后茎粗变小的趋势，能增加不同耐密性玉米品种的穗上节间长度，穗上节间长度越大，植株中上层叶片的受光条件就越好。

（4）深松耕作能明显缓解增密后生育后期 LAI 以及冠层透光率的下降，更有利于提高生育后期玉米穗位层及以上 LAI 及透光率；能有效缓解生育后期增密带来的穗位层叶片衰老程度，改善底部和穗位层叶片的光照条件，能长时间维持较高的 LAI，保证充足的

① 导师：高聚林教授。

论文提交日期：2017 年 10 月。

光合面积，对玉米后期籽粒灌浆有利，为深松耕作提高玉米产量奠定基础。

（5）不同耐密性玉米品种的根系形态指标差异显著，总体呈现耐密性强的品种在高密度条件下仍能拥有较大的根系，并且随着密度的增加，有向下延伸的趋势。这种变化可能有助于其适应更高的密度条件，耐密性强的品种后期根系衰老慢，且深层根系所占比重较大，满足对水肥的需求，保持均一的单株生长状况，使群体较优，进而在较高密度条件下仍能获得较高产量。

（6）增密降低玉米穗位叶 SPAD、P_n 和 F_v/F_m，且加快生育后期的下降速率。在高密度条件下，耐密性强的品种能够在生育后期保持较高的叶绿素含量，仍具有较高的光合速率，保持较高的 F_v/F_m，缓解由增密造成的光合抑制现象，光合能力下降慢可能是其高产的生理基础。深松耕作能显著提高玉米穗位叶片 SPAD、P_n，并且能有效缓解增密后生育后期 SPAD、P_n 下降的速度，延缓玉米叶片衰老的程度，保持较高的 P_n，延缓叶片光合生产能力，保持较高的光合机能提供基础，有利于后期物质生产和积累，尤其是耐密性弱的玉米品种缓解作用更大。

（7）随着密度的增加，单株干物质积累量、花后干物质积累量显著降低，且不同耐密性玉米品种下降幅度不同。深松耕作能显著提高不同生育时期的玉米单株干物质积累量，且能缓解增密后单株干物质积累量的下降，使其保持较高的吐丝后干物质积累量，为籽粒生产提供充足的物质供应，并且能提高增密后耐密性强的品种籽粒干物质重比例，能缓解耐密性弱的品种的籽粒干物质重比例的下降。

（8）通过深松耕作完全打破犁底层来改变耕层土壤结构，配用耐密性强的玉米品种，通过进一步增加种植密度来提高玉米产量，是增产增效的有效途径。

关键词： 春玉米；密度；耕作方式；形态特征；生理机制；产量